方山县
耕地地力评价与利用

王五虎　主编

中国农业出版社

内容简介

本书全面系统地介绍了山西省方山县耕地地力评价与利用的方法及内容。首次对方山县耕地资源历史、现状及问题进行了分析、探讨，并引用大量调查分析数据对方山县耕地地力、中低产田地力做了深入细致的分析。揭示了方山县耕地资源的本质及目前存在的问题，提出了耕地资源合理改良利用意见。为制订农业发展规划，调整农业产业结构，加快绿色、无公害、有机农产品基地建设步伐，保证粮食生产安全，科学施肥，退耕还林还草，为节水农业、生态农业及农业现代化、信息化建设提供了科学依据。

本书共七章。第一章：自然与农业生产概况；第二章：耕地地力调查与质量评价的内容和方法；第三章：耕地土壤属性；第四章：耕地地力评价；第五章：中低产田类型分布及改良利用；第六章：耕地地力评价与测土配方施肥；第七章：耕地地力调查与质量评价的应用研究。

本书适宜农业、土肥科技工作者及从事农业技术推广与农业生产管理的人员阅读。

编写人员名单

主　　编： 王五虎

副 主 编： 王丽芳

编写人员（按姓名笔画排序）：

王小梅　王五虎　王志远　王丽芳　王继平
牛建中　牛保平　白　玉　白爱军　任　力
任虎平　任晓琴　刘东林　刘改琴　刘宝龙
刘振钰　闫军莲　闫彩虹　李瑞琴　杨　宇
张晓玲　张勤保　赵林平　郝红梅　贾成秀
高小清　高文艳　高继平　梁鹏桢　韩进华
韩奋斌　薛宝峰　薛宪平　霍彩萍

序

农业是国民经济的基础，农业发展是国计民生的大事。为适应我国农业发展的需要，确保粮食安全和增强我国农产品竞争的能力，促进农业结构战略性调整和优质、高产、高效、生态农业的发展。针对当前我国耕地土壤存在的突出问题，2009年在农业部精心组织和部署下，方山县被确定为测土配方施肥补贴项目县，根据《全国测土配方施肥技术规范》，方山县积极开展了测土配方施肥工作，同时认真实施了耕地地力调查与评价。在山西省土壤肥料工作站、山西农业大学资源环境学院、吕梁市土壤肥料工作站、方山县农业委员会、方山县农业技术推广中心广大科技人员的共同努力下，2011年完成了方山县耕地地力调查与评价工作。通过耕地地力调查与评价工作的开展，摸清了方山县耕地地力状况，查清了影响当地农业生产持续发展的主要制约因素，建立了方山县耕地地力评价体系，提出了方山县耕地资源合理配置及耕地适宜种植、科学施肥及土壤退化修复的意见和方法，初步构建了方山县耕地资源信息管理系统。这些成果为全面提高方山县农业生产水平，实现耕地质量计算机动态监控管理，适时提供辖区内各个耕地基础管理单元土、水、肥、气、热状况及调节措施提供了基础数据平台和管理依据。同时，也为各级农业决策者制订农业发展规划，调整农业产业结构，加快无公害、绿色、有机食品基地建设步伐，保证粮食生产安全以及促进农业现代化建设提供了第一手资料和最直接的科学依据，也为今后大面积开展耕地地力调查与评价工作，实施耕地综合生产能力建设，发展旱作节水农业，测土配方施肥及其他农业新技术普及工作提供了技术支撑。

本书系统地介绍了耕地资源评价的方法与内容，应用大量的调查分析资料，分析研究了方山县耕地资源的利用现状及问题，提出了合理利用的对策和建议。该书集理论指导性和实际应用性为一体，是一本值得推荐的实用技术读物。该书的出版将对方山县耕地的培肥和保养、耕地资源的合理配置、农业结构调整及提高农业综合生产能力等将起到积极的促进作用。

王高勇

2013 年 5 月

前言

耕地是人类获取粮食及其他农产品最重要的、不可替代的、不可再生的资源，是人类赖以生存和发展的最基本的物质基础，是农业发展必不可少的保障。新中国成立以后，方山县先后开展了两次土壤普查。两次土壤普查工作的开展，为方山县国土资源的综合利用、施肥制度改革、粮食生产安全做出了重大贡献。近年来，随着农村经济体制的改革以及人口、资源、环境与经济发展矛盾的日益突出，农业种植结构、耕作制度、作物品种、产量水平，肥料、农药使用等方面均发生了巨大变化，产生了诸多如耕地数量锐减、土壤退化污染、次生盐渍化、水土流失等问题。针对这些问题，开展耕地地力评价工作是非常及时、必要和有意义的。特别是对耕地资源合理配置、农业结构调整、保证粮食生产安全、实现农业可持续发展有着非常重要的意义。

方山县耕地地力评价工作，于 2009 年 3 月开始至 2011 年 12 月结束，完成了方山县 5 镇 2 乡 169 个行政村的 35.11 万亩耕地的调查与评价任务。3 年共采集大田土样 3 300 个，并调查访问了 300 个农户的农业生产、土壤生产性能、农田施肥水平等情况；认真填写了采样地块登记表和农户调查表，完成了 3 300 个样品常规化验、1 200 个样品中微量元素分析化验、数据分析和收集数据的计算机录入工作；基本查清了方山县耕地地力、土壤养分、土壤障碍因素状况，划定了方山县农产品种植区域；建立了较为完善的、操作性较强的、科技含量较高的耕地地力评价体系，并充分应用 GIS、GPS 技术初步构筑了耕地资源信息管理系统；提出了全县耕地保护、地力培肥、耕地适宜种植、科学施肥及土壤退化修复办法等；形成了具有生产指导意义的多幅数字化成果图。收集资料之广泛、调查数据之系统、内容之全面是前所未有的。

这些成果为全面提高农业工作的管理水平，实现耕地质量计算机动态监控管理，适时提供辖区内各个耕地基础管理单元土、水、肥、气、热状况及调节措施提供了基础数据平台和管理依据。同时，也为各级农业决策者制订农业发展规划，调整农业产业结构，加快无公害、绿色、有机食品基地建设步伐，保证粮食生产安全，进行耕地资源合理改良利用，科学施肥以及退耕还林、节水农业、生态农业、农业现代化建设提供了第一手资料和最直接的科学依据。

为了将调查与评价成果尽快应用于农业生产，在全面总结方山县耕地地力评价成果的基础上，引用了大量成果应用实例和第二次土壤普查、土地详查有关资料，编写了《方山县耕地地力评价与利用》一书。首次比较全面系统地阐述了方山县耕地资源类型、分布、地理与质量基础、利用状况、改良措施等，并将近年来农业推广工作中的大量成果资料录入其中，从而增加了该书的可读性和可操作性。

在本书编写的过程中，承蒙山西省土壤肥料工作站、山西农业大学资源环境学院、吕梁市土壤肥料工作站、方山县农业委员会、方山县农业技术推广中心广大技术人员的热忱帮助和支持，在此表示感谢。

编　者

2013年5月

目录

第一章　自然与农业生产概况

第一节　自然与农村经济概况

一、地理位置与行政区划

方山县位于山西省西部，黄河中游，吕梁山北麓，晋西黄土丘陵沟壑区。地理坐标为北纬37°36′58″～38°10′27″，东经111°02′50″～111°34′30″。东临娄烦、交城，西接临县，南连离石，北与岚县、兴县接壤。地貌特征为北高南低，北川河由北向南纵贯全境，关帝山和落辉山等高山峻岭分布东西，方山县基本上形成“V”形地貌。南北长约62千米，东西宽约46千米，总面积约1 433.17平方千米。

方山县共辖4镇3乡169个行政村，2011年全县总人口14.4万人，其中农业人口11.7万人，占总人口的81.3%。见表1-1。

表1-1　方山县行政区划与人口情况（2011年）

乡（镇）	农业人口（人）	村民委员会（个）	自然村（个）
马坊镇	14 449	31	56
积翠乡	6 324	16	24
麻地会乡	7 265	16	3
圪洞镇	29 031	32	45
峪口镇	22 873	32	34
北武当镇	6 805	11	20
大武乡	30 253	31	59
合计	117 000	169	241

二、土地资源概况

据统计资料显示，方山县基本地貌由山地、丘陵和河谷盘结而成。其中，山地为957.36平方千米，占全县总面积的66.80%；丘陵区面积为312.72平方千米，占全县总面积的21.82%；河谷区面积为163.09平方千米，占全县总面积的11.38%。方山县最高峰为南阳山，海拔2 831米。全县土地总面积215.12万亩①，其中农业用地64.73万亩，占总土地面积的30.09%，包括耕地35.11万亩；林地73.57万亩，占总土地面积的

① 亩为非法定计量单位，1亩=1/15公顷。

34.20%；天然草地 25.38 万亩，占总土地面积的 11.80%；水域占地 1.46 万亩，占总土地面积的 0.68%；未利用土地 49.98 万亩，占总土地面积的 23.23%。

方山县耕地土壤类型有四大土类，12 个亚类，41 个土属，87 个土种，主要土类为灰褐土，面积约 160.66 万亩，占全县总土地面积的 74.68%。在各类土壤中，宜农土壤比重大，适种性广，有利于农、林、牧业全面发展。

三、自然气候与水文地质

（一）气候

方山县属温带大陆性半干旱气候，日照充足，太阳辐射强，光能资源丰富，全年平均日照时数 2 738 小时，北半坡稍多。年平均气温变化为 4～9℃。全县年降水量变化为 450～550 毫米，分布特征为随海拔增高而递增。分布规律是东北部较多，西南部较少，降水主要集中在 7 月、8 月、9 月这 3 个月。全年无霜期为 90～150 天，分布趋势为由北向南逐渐增长，主要灾害性天气为干旱和早霜。

（二）成土母质

方山县成土母质主要有以下几种：

1. 残积—坡积母质 该类型母质分布在海拔 1 600 米以上的土石山地区，是各种岩石经风化形成的残留物。主要岩石有花岗片麻岩、石英砂岩、砂页岩、或石灰岩等。由于岩石的多变，因而形成的母质也各异。

2. 洪积—冲积母质 冲积物和洪积物分布在川谷、沟谷及山间谷地上，是形成沟川土壤的主要母质。冲积物是由河水流动过程中夹带的泥沙沉淀而成，其特点是具有明显的成层性，成分复杂。由于矿物质种类多，营养元素丰富，冲积物上形成的草甸土，是方山县重要的农业土壤。洪积物大致分布在大沟及山间谷地，特点是泥沙混合堆积，土地没有明显的发育层次、质地偏沙，并含有一定数量的砾石，洪积物上形成的沟淤土壤也是重要的农业土壤。

3. 黄土、红土及黄土状母质 黄土母质是方山县大宗土壤——灰褐土的主要成土因素。主要分布在方山县广大的山坡谷地，是主要的黄土类型，特点是层次深厚，浅灰棕色，质地细而均一，有柱状结构，富含碳酸易于耕作。红土母质，分布在方山县圪洞镇石站头、峪口镇韩家山和大武当镇店坪区域一带的深切割沟沟底出露，特点是颜色暗红，质地黏着，土层深厚，有铁锰胶核。红土母质上形成的土壤透水性差，保水性强，盐基含量低，呈微酸性或中性反应。黄土状母质，主要分布于川谷两侧地势较平的地方，是黄土二次搬运后形成的，是灰褐土的黄土等土壤的主要成土因素，特点与黄土母质相似。

（三）水资源现状

1. 河流水系 方山县属黄河流域，总面积 1 434.1 平方千米。可划分为三川河水系和湫水河水系。

三川河水系：主要是北川河中上游流域，是三川河的一级正源，发源于方山县马坊镇神堂沟村，沿途汇集开府沟、马坊沟、南阳沟、麻地会沟、圪洞沟、峪口沟、店坪沟 7 条较大的支沟和长度 1 千米以上的大小沟岔 347 条，于大武镇武回庄村出境，境内河长 65

千米，流域面积 1 315.43 平方千米。圪洞水文站以上控制流域面积 749 平方千米，多年平均流量 1.26 立方米/秒。

湫水河水系位于方山县西部，流域面积 118.67 平方千米。

2. 水资源总量　方山县水资源总量由地表水资源量和地下水资源量构成。由于地表水和地下水密切联系而又相互转化，地表径流量中包括一部分地下水排泄量，地下水补给量中有一部分来源于地表水体的入渗，因此，水资源总量为地表径流量与地下水补给量之和扣除相互转化的重复水量。经计算方山县水资源总量为 9 532 万立方米，其中，地表水资源量 8 309 万立方米，地下水资源量 6 093 万立方米，重复计算量 4 870 万立方米。

3. 水资源可利用量　水资源可利用量包括河川径流可利用量、地下水可利用量和水资源可利用量。

方山县地表水可利用量为 4 972 万立方米、地下水可开采量为 1 717 万立方米、重复计算量为 650 万立方米，水资源可利用量 6 039 万立方米。

4. 取水量　方山县 2013 年总取（用）水量为 1 519 万立方米，其中地表水 887 万立方米，地下水 632 万立方米。用途分类，工业用水量 304 万立方米，建筑用水量 47 万立方米，农业灌溉用水量 669 万立方米，畜牧用水 39 万立方米，第三产业用水 40 万立方米，生态环境用水量 120 万立方米，城镇生活用水量 131 万立方米，农村生活用水量 169 万立方米。

方山县平川区总面积 214.2 平方千米，总耕地面积 35.11 万亩，水浇地面积 20 万亩。

（四）自然植被

方山县由于海拔高度差异较大，地形复杂，植物群落或种类及其地理分布也比较复杂。

1. 海拔为 1 650～2 700 米的中山地区　主要分布在东部和西北部的中山区，以木本植物类为主，由于枯枝落叶逐年积累，腐殖质增多，在木本植物群落上发育的土壤呈微酸性反应，有针叶林和阔叶林两类，树种有油松、华北落叶松、云杉和侧柏，主要是油松和落叶松。阔叶林树种有山杨、青杨、柞树、白桦、旱柳、白榆和刺槐，其中以杨、柞、桦为主。在木本群落内还有许多林间草地，着生醋柳、白羊草、兰花棘豆、鹅冠草等草灌植被。

2. 海拔为 1 000～1 700 米的低山和丘陵地区　主要是草灌植物群落，其中在 1 400～1 700 米的灌木群落，生长着醋柳、刺槐和虎榛子等灌木类植物，有的地方与杨、桦等乔木混交。在 1 000～1 400 米的灌木群落，生长着白羊草、铁秆蒿、柴胡、针茅、胡枝子、醋柳、黄刺槐、虎榛子等植物，有的地方生长着牛筋子、甘草、本氏羽茅、白蒿、狗尾草等植物。

3. 海拔为 987～1 500 米的河谷低洼地带　主要是草甸植物群落，分布在河谷地带，生长着青蒿、披碱草、碱蓬、狗尾草、艾蒿等耐湿植物。

此外，在海拔 2 700 米以上的高平台缓坡地区，分布着少量的山地草甸土，生长着苔草和蔷薇科等耐寒植物。

4. 海拔在 1 100 米左右的低山丘陵和河谷地带　本区多为农田耕作区，宜种作物种类多，生长在水分条件较差的沟谷阴坡上的植物主要是艾蒿和白羊草群落，部位较高和水分条件较好的阴坡上的植物主要是铁秆蒿群落，散落在农田及地埂上的植物主要是狗尾、蒲公英、莎蓬、甘草等。此外还零星分布着披肩草、茵陈蒿等，水源丰富，地下水位较高处为良好的耕作土壤区，主要生长有青蒿、马齿苋、苍耳、刺儿菜、荠菜、苋菜、杨树、柳树等基本植物。

四、农村经济概况

2011 年，方山县农村经济总收入为 37 489.685 万元。其中，农业收入为 15 996.323 万元，占 42.7%；林业收入为 1 103.192 万元，占 2.94%；畜牧业收入为 2 278.414 万元，占 6.1%；工业收入为 602 万元，占 1.6%；建筑业收入为 3 156.685 万元，占 8.4%；运输业收入为 3 283.634 万元，占 8.8%；商饮业收入为 2 308.39 万元，占 6.2%；服务业及其他收入为 8 761.047 万元，占 23.26%。农民人均纯收入为 2 581 元。

改革开放以后，农村经济有了较快发展。1983—2011 年，方山县农村经济全面发展，农业产业结构渐趋合理，农民收入稳步增长，农民人均纯收入的结构由单靠种地变为种地、打工等多元化结构，农民的生活水平转变为温饱有余。农村经济总收入：1985 年 6 401万元，1990 年 8 800 万元，1995 年 32 705 万元，2000 年 49 228 万元，2005 年 11 654万元，2011 年 37 489 万元。按绝对值计算，2011 年比 1985 年增长 25.5 倍，年均增长 13.4%。农民人均纯收入：1983 年 102 元，1990 年 353.3 元，1995 年 713 元，2000 年 1 138.7 元，2005 年 1 863 元，2011 年 3 055 元，按绝对值计算，2011 年比 1983 年增长 29.9 倍，年均增长 12.9%。

第二节 农业生产概况

一、农业发展历史

方山县农业历史悠久，早在新石器时代，这里就有人类进行农业生产。新中国成立后，农业生产有了较快发展。从 20 世纪 50 年代以来，开展了轰轰烈烈的农田水利基本建设，自然条件有所改变。20 世纪 70 年代以来，科学种田逐渐为农民接受，广泛施用化肥、农药，大力推广优种、地膜，产量有所提高。中共十一届三中全会后，方山县推广了“大包干”责任制，极大地解放了农村生产力。随着农业机械化水平不断提高，农田水利设施的建设，科学技术的推广应用，农业生产发展较快。1949 年方山县粮食总产仅 2 251 万千克，平均亩产 44.41 千克；油料总产 15 万千克，平均亩产 18.75 千克；水果瓜菜总产 113.5 万千克。1970 年方山县粮食总产仅 4 129.5 万千克，平均亩产 88.6 千克，比 1949 年亩增产 44.19 千克，增产率 99.5%；油料总产 68 万千克，平均亩产 32.15 千克，比 1949 年亩增产 13.4 千克，增产率 71.5%；水果瓜菜总产 70.5 万千克，是 1949 年产量的 62%。1982 年粮食总产 3 000 万千克，平均亩产 108.2 千克，比 1970 年亩增产 22 千克，增产率 24.8%；油料总产 12.0 万千克，平均亩产 175 千克，比 1970 年亩增产 4.95 千克，增产率 15.4%；水果瓜菜总产 5.99 万千克，是 1970 年产量的 2 倍。1990 年粮食总产 328.51 万千克，平均亩产 140.15 千克，比 1980 年亩增产 88.3 千克，增产率

79.8%；油料总产 573.7 万千克，平均亩产 175 千克，比 1980 年亩增产 50.8 千克，增产率 136.9%；水果总产 253.1 万千克，比 1980 年增产 112.1 万千克，增产率 79.5%。2011 年粮食总产 8 200.49 万千克，平均亩产 241 千克，比 1990 年亩增产 42.1 千克，增产率 21.2%；油料总产 90 万千克，平均亩产 90.2 千克，比 1990 年亩增产 2.3 千克，增产率 2.6%，水果总产 900 万千克，是 1990 年的 3.55 倍。从以上数据可以看出，随科技在生产中的广泛推广，方山县的农业生产总体上呈现上升水平，但年际间上下起伏、波动很大，水量充沛则增产幅度大，水量短缺则增产幅度小，雨养农业的特征非常明显。丰年的粮食产量水平为 7 500 万千克左右，平年的粮食产量水平为 6 000 万千克左右。单产低而不稳，种田效益极低。

二、农业发展现状与问题

方山县光热资源丰富，但土壤瘠薄、干旱缺水，是农业发展的主要制约因素。历来以旱作农业为主，靠天吃饭、雨养农业的格局短期内无法改变。方山县农村经济总收入见表 1-2。

表 1-2　方山县农村经济总收入

年份	农村经济总收入（万元）	第一产业（万元）			第二产业（万元）	第三产业（万元）	人均收入（元）
		农业	林业	牧业			
1949	1 324	938	20	286	30	50	—
1960	2 649	1 281	260	415	315	378	45
1970	4 534	2 246	133	1 028	239	888	61
1980	5 783	2 002	123	499	1 501	1 658	55
1990	8 800	2 378	54	330	1 620	4 418	800
1995	32 705	11 341	190	6 237	7 651	7 286	2 350
2000	49 228	12 243	956	4 127	15 748	16 154	2 760
2005	11 654	6 186	357	1 094	1 192	2 825	1 848
2011	37 489.685	15 996.323	1 103.192	2 278.414	3 758.685	14 353.071	2 581

2011 年，方山县农、林、牧、渔业总产值为 65 319 万元（现行价）。其中，农业产值 39 563万元，占 60.56%；林业产值 1 532 万元，占 2.35%；牧业产值 24 224 万元，占 37.09%。

方山县 2011 年农作物播种面积 38.3 万亩。其中，粮食作物播种面积 34 万亩，油料作物 0.7 万亩，其他面积 3.6 万亩（水果 1 万亩、中药材 1 万亩）。

畜牧业是方山县一项优势产业。2011 年末，方山县大牲畜存栏 1.00 万头，猪 0.8 万头，羊 1.5 万只，禽蛋总产量 6 700 吨，肉类总产量 3 920 吨。

方山县由于"两山夹一川"的特殊地形，立地条件较差，全县农机化水平不高，劳动效率低。方山县农机总动力 2011 年底为 9 357 千瓦，全县机耕面积 33.8 万亩，其中机播面积 30 万亩，机铺 7.3 万亩，机收面积 8.2 万余亩。全县共施用农家肥 38 000 万千克，化肥 26 730吨，其中碳酸氢铵 8 000 吨、尿素 2 000 吨、磷肥 2 000 吨、钾肥 500 吨、硝酸磷肥

10 200吨、配方肥 4 000 吨、锌肥 30 吨。折纯氮 5 953 吨、纯五氧化二磷 1 813 吨、纯氧化钾 365 吨。农膜用量 300 吨，农药用量 9.6 吨，农村用电量 2 936 万千瓦小时。

第三节 耕地利用与保养管理

一、主要耕作方式及影响

方山县传统的耕作制度基本是一年一熟制。现已普遍采用了间作、套种、轮作倒茬、立体种植、复播等多种形式。近年来推广的日光节能温室，一年 2～3 茬，亩纯收入 1 万多元，是大田作物的 10～20 倍，效果非常好。耕作以小型拖拉机旋挂深耕犁、旋耕机为主，但部分山区仍保留牛耕作业，耕作深度 20～30 厘米。春耕为主，秋耕为辅。秸秆粉碎还田近年来有了一定的发展。

二、耕地利用现状、生产管理及效益

方山县种植作物主要有玉米、谷子、马铃薯、胡麻、莜麦、蔬菜、红芸豆等。

据 2011 年统计部门资料，方山县农作物总播种面积 38.3 万亩。其中粮食作物播种面积 34 万亩，总产量 8 200.49 万千克。

效益分析：山坡地玉米平均亩产 330 千克，每千克售价 2 元，产值 660 元，投入 220 元，亩纯收入 440 元；旱平地玉米平均亩产 360 千克，每千克售价 2 元，产值 720 元，投入 260 元，亩纯收入 460 元；水地玉米平均亩产 500 千克，每千克售价 2 元，产值 1 000 元，投入 320 元，亩纯收入 680 元。一般旱地小杂粮平均亩产 110 千克，每千克售价 3 元，亩产值 330 元，投入 140 元，亩纯收入 190 元；旱平地小杂粮平均亩产 150 千克，每千克售价 3 元，产值 450 元，投入 160 元，亩纯收入 290 元。大田蔬菜一般亩纯收入 1 000～3 000 元；日光温室亩纯收入 10 000 多元。

三、施肥现状与耕地养分演变

方山县农田农家肥施肥情况 20 世纪 80～90 年代达到顶峰，为 48 万吨左右，近年来呈下降趋势，保持在 35 万吨左右。大牲畜年末存栏数，1949 年 0.97 万头，1970 年 1.91 万头，1980 年 1.85 万头，1990 年达到 2.35 万头；2005 年最高，到达 3.87 万头。猪年末存栏数，1949 年 0.78 万头，1970 年 1.98 万头，1980 年 3.21 万头，1990 年 3.39 万头；2005 年最高，到达 3.42 万头。化肥使用量从逐年增加到趋于合理。1985 年全县化肥用量（折纯）为 2 315 吨，1991 年全县化肥用量（折纯）为 4 075 吨，2000 年全县化肥用量（折纯）为 6 032 吨，2011 年全县共施用农家肥 38 000 万千克，化肥 26 730 吨，其中碳酸氢铵 8 000 吨、尿素 2 000 吨、磷肥 2 000 吨、钾肥 500 吨、硝酸磷肥 10 200 吨、配方肥 4 000 吨、锌肥 30 吨。折纯氮 5 953 吨，纯五氧化二磷 1 813 吨，纯氧化钾 365 吨。

2011 年，方山县测土配方施肥面积 20 万亩，微肥应用面积 3.5 万亩，秸秆还田面积

10 万亩。随着农业生产的发展，科学施肥技术的推广应用，近年来全县耕地耕层土壤养分测定结果与 1982 年第二次全国土壤普查测定结果相比，土壤有机质平均含量 10.65 克/千克，属四级水平，比第二次土壤普查 27.1 克/千克减小了 16.45 克/千克；全氮平均含量 0.65 克/千克，属四级水平，比第二次土壤普查 11.42 克/千克减小了 0.77 克/千克；有效磷平均含量 10.13 毫克/千克，属四级水平，比第二次土壤普查 5.38 毫克/千克减少了 4.75 毫克/千克；速效钾平均含量 128.02 毫克/千克，属四级水平，比第二次土壤普查 117.5 毫克/千克增加了 10.52 毫克/千克。随着测土配方施肥技术的全面推广应用，土壤肥力会不断提高。

四、耕地利用与保养管理简要回顾

1982—2000 年，根据全国第二次土壤普查成果，方山县划分了土壤改良利用区，根据不同土壤类型、不同土壤肥力和不同生产水平，提出了合理利用及培肥措施，并贯彻实施，达到了培肥土壤的目的。

2000 年至今，随着农业产业结构调整步伐加快，推广了平衡施肥、秸秆还田等技术。特别是 2009—2011 年，连续 3 年实施了测土配方施肥项目，使方山县施肥更合理、更科学，加上退耕还林、雁门关生态畜牧、巩固退耕还林区基本口粮田建设、中低产田改造、耕地综合生产能力建设、户用沼气、新型农民科技培训、设施农业、新农村建设等一批项目的实施，以及土壤结构改良剂、精制有机肥、抗旱保水剂、配方肥、复合肥等新型肥料的使用，农业大环境得到了有效改变。近年来，随着科学发展观的贯彻落实，环境保护力度不断加大，政府加大了对农业的投入，并采取了一系列的有效措施，农田环境日益好转，全县农业生产正逐步向优质、高产、高效、生态迈进。

第二章 耕地地力调查与质量评价的内容和方法

根据《全国耕地地力调查与质量评价技术规程》（以下简称《规程》）和《全国测土配方施肥技术规范》（以下简称《规范》）的要求，通过肥料效应田间试验、样品采集与制备、田间基本情况调查、土壤与植株测试、肥料配方设计、配方肥料合理使用、效果反馈与评价、数据汇总、报告撰写等内容、方法与操作规程和耕地地力评价方法的工作过程，进行了耕地地力调查和质量评价。这次调查和评价是基于3个方面进行的。一是通过耕地地力调查与评价，合理调整农业结构、满足市场对农产品多样化、优质化的要求以及经济发展的需要；二是针对耕地土壤的障碍因子，提出中低产田改造、防止土壤退化及修复已污染土壤的意见和措施，提高耕地综合生产能力；三是通过调查，建立全县耕地资源信息管理系统和测土配方施肥专家咨询系统，对耕地质量和测土配方施肥实行计算机网络管理，形成较为完善的测土配方施肥数据库，为农业增产、农业增效、农民增收提供科学决策依据，保证农业可持续发展。

第一节 工作准备

一、组织准备

由山西省农业厅牵头成立测土配方施肥和耕地地力评价与利用领导小组、专家组、技术指导组，方山县成立相应的领导小组、办公室、技术服务组、野外调查队和室内资料数据汇总组。

二、物质准备

根据《规程》和《规范》的要求，进行了充分的物质准备。先后配备了GPS定位仪、不锈钢土钻、计算机、钢卷尺、土袋、可封口塑料袋、水样固定剂、化验药品、化验室仪器以及调查表格等。并在原来土壤化验室基础上，进行必要补充和维修，为全面调查和室内化验分析做好了充分的物质准备。

三、技术准备

领导小组聘请山西省农业厅土壤肥料工作站、山西农业大学资源环境学院、忻州市农业局土壤肥料工作站及方山县农业局土壤肥料工作站的有关专家，组成技术指导组，根据

《规程》和《山西省2007年区域性耕地地力调查与质量评价实施方案》及《规范》，制定了《方山县测土配方施肥技术规范及耕地地力调查与质量评价技术规程》，并编写了技术培训材料。在采样调查前对采样调查人员进行认真、系统的技术培训。

四、资料准备

按照《规程》和《规范》的要求，收集了方山县行政区划图、地形图、第二次土壤普查成果图、基本农田保护区划图、土地利用现状图、农田水利分区图等图件。收集了第二次土壤普查成果资料，基本农田保护区地块基本情况、基本农田保护区划统计资料，粮食、油料、果树、蔬菜面积、品种、产量等有关资料，退耕还林规划，肥料、农药使用品种及数量、肥力动态监测等资料。

第二节　室内预研究

一、确定采样点位

1. 布点与采样原则　为了使土壤调查所获取的信息具有一定的典型性和代表性，提高工作效率，节省人力和资金，采样点参考县级土壤图，做好采样规划设计，确定采样点位。实际采样时严禁随意变更采样点，若有变更须注明理由。在布点和采样时主要遵循了以下原则：一是布点具有广泛的代表性，同时兼顾均匀性。根据土壤类型、土地利用等因素，将采样区域划分为若干个采样单元，每个采样单元的土壤性状要尽可能均匀一致；二是耕地地力调查与污染调查相结合，适当加大污染源点位密度；三是尽可能在全国第二次土壤普查时的剖面或农化样取样点上布点；四是采集的样品具有典型性，能代表其对应的评价单元最明显、最稳定、最典型的特征，尽量避免各种非调查因素的影响；五是所调查农户随机抽取，按照事先所确定采样地点寻找符合基本采样条件的农户进行，采样在符合要求的同一农户的同一地块内进行。

2. 布点方法　按照《规程》和《规范》，结合方山县实际，将大田样点密度定点。丘陵区平均每100亩1个点位，沟河地平均每150亩1个点位，旱垣地平均每200亩1个点位，实际布设大田样点4 100个。第一，依据山西省第二次土壤普查土种归属表，把那些图斑面积过小的土样，适当合并至母质类型相同、质地相近、土体构型相似的土种，修改编绘出新的土种图；第二，将归并后的土种图与基本农田保护区划图和土地利用现状图叠加，形成评价单元；第三，根据评价单元的个数及相应面积，在样点总数的控制范围内，初步确定不同评价单元的采样点数；第四，在评价单元中，根据图斑大小、种植制度、作物种类、产量水平等因素的不同，确定布点数量和点位，并在图上予以标注。点位尽可能选在第二次土壤普查时的典型剖面取样点或农化样品取样点上；第五，不同评价单元的取样数量和点位确定后，按照土种、作物品种、产量水平等因素，分别统计其相应的取样数量。当某一因素点位数过少或过多时，再根据实际情况进行适当调整。

二、确定采样方法

（一）大田土样采集方法

1. 采样时间 在大田作物收获后、春播前进行。按叠加图上确定的调查点位去野外采集样品。通过向农民实地了解当地的农业生产情况，确定最具代表性的同一农户的同一块田采样，田块面积均在1亩以上，并用GPS定位仪确定地理坐标和海拔高程，记录经纬度，精确到0.1″。依此准确方位修正点位图上的点位位置。

2. 调查、取样 向已确定采样田块的户主，按农户地块调查表格的内容逐项进行调查并认真填写。调查严格遵循实事求是的原则，对那些说不清楚的农户，通过访问地力水平相当、位置基本一致的其他农户或对实物进行核对推算。采样主要采用“S”法，均匀随机采取15～20个采样点，充分混合后，四分法留取1千克组成一个土壤样品，并装入已准备好的土袋中。

3. 采样工具 主要采用不锈钢土钻，采样过程中努力保持土钻垂直，样点密度均匀，基本符合厚薄、宽窄、数量的均匀特征。

4. 采样深度 为0～20厘米耕作层土样。

5. 采样记录 填写2张标签，土袋内外各1张，注明采样编号、采样地点、采样人、采样日期等。采样同时，填写大田采样点基本情况调查表和大田采样点农户调查表。

（二）土壤容重采样方法

大田土壤选择5～15厘米土层打3个环刀，蔬菜地普通样口在10～25厘米。剖面样品在每层中部位置打环刀，每层打3个环刀。土壤容重点位和大田样点、菜田样点或土壤质量调查样点相吻合。

三、确定调查内容

根据《规范》要求，认真填写“测土配方施肥采样地块基本情况调查表”。这次调查的范围是基本农田保护区耕地和园地（包括蔬菜、果园和其他经济作物田），调查内容主要有3个方面：一是与耕地地力评价相关的耕地自然环境条件、农田基础设施建设水平和土壤理化性状、耕地土壤障碍因素和土壤退化原因等；二是与农业结构调整密切相关的耕地土壤适宜性问题等；三是农户生产管理情况调查。

以上资料的获得，一是利用第二次土壤普查和土地利用详查等现有资料，通过收集整理而来；二是采用以点带面的调查方法，经过实地调查访问农户获得的；三是对所采集样品进行相关分析化验后取得；四是将所有有限的资料、农户生产管理情况调查资料、分析数据录入到计算机中，并经过矢量化处理形成数字化图件、插值，使每个地块均具有各种资料信息，来获取相关资料信息。这些资料和信息，对分析耕地地力评价与耕地质量评价结果及影响因素具有重要意义。如通过分析农户投入和生产管理对耕地地力土壤环境的影响，分析农民现阶段投入成本与耕地质量直接的关系，有利于提高成果的现实性，引起各级领导的关注。通过对每个地块资源的充实完善，可以从微观角度，对土、肥、气、热、水资源运行情况有更周密的了解，提出管理措施和对策，指导农民进行资源合理利用和分配。通过对全部信息资料的了解和掌握，可以宏观调控资源配置，合理调整农业产业结构，科学指导农业生产。

四、确定分析项目和方法

根据《规程》及《山西省耕地地力调查及质量评价实施方案》和《规范》规定，土壤质量调查样品检测项目为：pH、有机质、全氮、碱解氮、有效磷、速效钾、缓效钾、有效硫、阳离子交换量、有效铜、有效锌、有效铁、有效锰、水溶性硼 14 个项目。其分析方法均按全国统一规定的测定方法进行。

五、确定技术路线

方山县耕地地力调查与质量评价所采用的技术路线见图 2-1。

1. 确定评价单元　本次调查是基于 1982 年全国第二次土地调查成果进行，评价单元采用土地利用现状图耕地图斑作为基本评价单元，并将土壤图（1∶50 000）与土地利用现状图（1∶10 000）配准后，用土地利用现状图层提取土壤图层的信息。相似相近的评价单元至少采集一个土壤样品进行分析，在评价单元图上连接评价单元属性数据库，用计算机绘制各评价因子图利用基本农田保护区区划图、土壤图和土地利用现状图叠加的图斑为基本评价单元。

2. 确定评价因子　根据全国、省级耕地地力评价指标体系并通过农科教专家论证来选择方山县县域耕地地力评价因子。

3. 确定评价因子权重　用模糊数学德尔菲法和层次分析法将评价因子标准数据化，并计算出每一评价因子的权重。

4. 数据标准化　选用隶属函数法和专家经验法等数据标准化方法，对评价指标进行数据标准化处理，对定性指标要进行数值化描述。

5. 综合地力指数计算　用各因子的地力指数累加得到每个评价单元的综合地力指数。

6. 划分地力等级　根据综合地力指数分布的累积频率曲线法或等距法，确定分级方案，并划分地力等级。

7. 归入全国耕地地力等级体系　依据《全国耕地类型区、耕地地力等级划分》（NY/T 309—1996），归纳整理各级耕地地力要素主要指标，结合专家经验，将各级耕地地力归入全国耕地地力等级体系。

8. 划分中低产田类型　依据《全国中低产田类型划分与改良技术规范》（NY/T 310—1996），分析评价单元耕地土壤主要障碍因素，划分并确定中低产田类型。

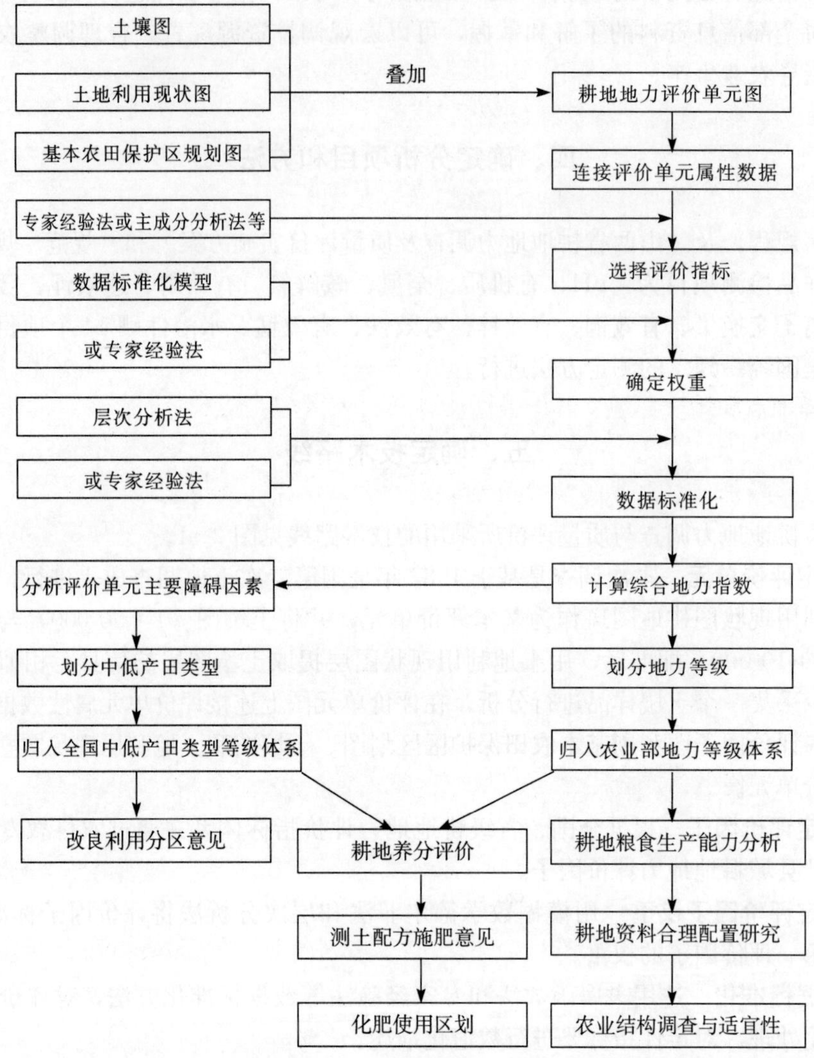

图 2-1　方山县耕地地力调查与质量评价技术路线流程

第三节　野外调查及质量控制

一、调查方法

野外调查的重点是对取样点的立地条件、土壤属性、农田基础设施条件、农户栽培管理成本、收益及污染等情况全面了解、掌握。

1. 室内确定采样位置　技术指导组根据要求，在1∶10 000评价单元图上确定各类型采样点的采样位置，并在图上标注。

2. 培训野外调查人员　抽调技术素质高、责任心强的农业技术人员，尽可能抽调第二次土壤普查人员，经过为期3天的专业培训和野外实习，组成4支野外调查队，共20

余人参加野外调查。

3. 根据《规程》和《规范》要求，严格取样　各野外调查支队根据图标位置，在了解农户农业生产情况基础上，确定具有代表性田块和农户，用GPS定位仪进行定位，依据田块准确方位修正点位图上的点位位置。

4. 按照《规程》、省级实施方案要求规定和《规范》规定，填写调查表格，并将采集的样品统一编号，带回室内化验。

二、调查内容

（一）基本情况调查项目

1. 采样地点和地块　地址名称采用民政部门认可的正式名称。地块采用当地的通俗名称。

2. 经纬度及海拔高度　由GPS定位仪进行测定。

3. 地形地貌　以形态特征划分为三大地貌类型，即河谷平川区、丘陵区、山区。

4. 地形部位　指中小地貌单元，主要包括、洪积扇前缘，沟谷地，河流冲积平原的河漫滩，河流阶地，河流一级、二级阶地，洪积扇上部，黄土垣、梁。

5. 坡度　一般分为≤2.0°、2.1°～5.0°、5.1°～8.0°、8.1°～15.0°、15.1°～25.0°、≥25.0°。

6. 侵蚀情况　按侵蚀种类和侵蚀程度记载，根据土壤侵蚀类型可划分为水蚀、风蚀、重力侵蚀、冻融侵蚀、混合侵蚀等，侵蚀程度通常分为无明显、轻度、中度、重度、强度、极强度6级。

7. 地下水深度　指地下水深度，分为深位（3～5厘米）、中位（2～3厘米）、浅位（≤2厘米）。

8. 家庭人口及耕地面积　指每个农户实有的人口数量和种植耕地面积（亩）。

（二）土壤性状调查项目

1. 土壤名称　统一按1985年分类系统的连续命名法填写，详细到土种。

2. 土壤质地　国际制；全部样品均需采用手摸测定；质地分为沙土、沙壤、轻壤、中壤、重壤、黏土6级。室内选取10%的样品采用比重计法（粒度分布仪法）测定。

3. 质地构型　指不同土层之间质地构造变化情况。一般可分为通体壤、通体黏、通体沙、黏夹沙、底沙、壤夹黏、多砾、少砾、夹砾、底砾、少姜、多姜等。

4. 耕层厚度　用铁锹垂直铲下去，用钢卷尺按实际进行测量确定。

5. 有效土层厚度　指土壤层和松散的母质层之和。按其厚度（厘米）深浅从高到低依次分为6级（>150、101～150、76～100、51～75、26～50、<25）。

6. 障碍层次及深度　主要指沙土、黏土、砾石、料姜等所发生的层位、层次及深度。

7. 盐渍化程度　按盐碱类型划分为苏打盐化、硫酸盐盐化、氯化物盐化、混合盐化等。以全盐量的高低来衡量，分为无、重度、中度、轻度4种情况。

8. 土壤母质　按成因类型分为残积物、坡积物、河流冲积物、洪积物、淤积物、黄土、黄土状、黑垆土、风积物、堆垫等类型。

（三）农田设施调查项目

1. 地面平整度 按大范围地形坡度分为平整（<2°）、基本平整（2°～5°）、不平整（>5°）。

2. 园田化水平 分为地面平坦、园田化水平高，地面基本平坦、园田化水平较高，高水平梯田，缓坡梯田、熟化程度5年以上，新修梯田，坡耕地6种类型。

3. 田间输水方式 分为管道、防渗渠道、土渠等。

4. 灌溉方式 分为漫灌、畦灌、沟灌、滴灌、喷灌、管灌等。

5. 灌溉保证率 分为充分满足、基本满足、一般满足、无灌溉条件4种情况或按灌溉保证率（%）计。

6. 排涝能力 分为强、中、弱3级。

（四）生产性能与管理情况调查项目

1. 种植（轮作）制度 分为一年一熟、一年二熟、二年三熟等。

2. 作物（蔬菜）种类与产量 指调查地块上年度主要种植作物及其平均产量。

3. 耕翻方式及深度 指翻耕、旋耕、耙地、耱地、中耕等。

4. 秸秆还田情况 分翻压还田、覆盖还田等。

5. 设施类型棚龄或种菜年限 分为薄膜覆盖、塑料拱棚、温室等，棚龄以正式投产算起。

6. 上年度灌溉情况 包括灌溉方式、灌溉次数、年灌水量、水源类型、灌溉费用等。

7. 年度施肥情况 包括有机肥、氮肥、磷肥、钾肥、复合（混）肥、微肥、叶面肥、微生物肥及其他肥料施用情况，有机肥要注明类型，化肥指纯养分。

8. 上年度生产成本 包括化肥、有机肥、农药、农膜、种子（种苗）、机械人工及其他。

9. 上年度农药使用情况 农药使用次数、品种、数量。

10. 产品销售及收入情况。

11. 作物品种及种子来源。

12. 蔬菜效益 指当年纯收益。

三、采样数量

在方山县35.11万亩耕地上，共采集大田土壤样品3 300个。

四、采样控制

野外调查采样是此次调查评价的关键。既要考虑采样代表性、均匀性，也要考虑采样的典型性。根据本县的区划划分特征，分别在侵蚀构造地形—中低山区、构造侵蚀地形—岛状孤山黄土峁梁丘陵区、侵蚀堆积地形—山间宽谷阶地区及不同作物类型、不同地力水平的农田严格按照《规程》和《规范》要求均匀布点，并按图标布点实地核查后进行定点采样。整个采样过程严肃认真，达到了《规程》要求，保证了调查采样质量。

第四节　样品分析及质量控制

一、分析项目及方法

（一）物理性状

土壤容重：采用环刀法测定。

（二）化学性状

（1）pH：土液比 1∶2.5，采用电位法测定。

（2）有机质：采用油浴加热重铬酸钾氧化容量法测定。

（3）有效磷：采用碳酸氢钠或氟化铵——盐酸浸提—钼锑抗比色法测定。

（4）速效钾：采用乙酸铵浸提——火焰光度计或原子吸收分光光度计法测定。

（5）全氮：采用凯氏蒸馏法测定。

（6）碱解氮：采用碱解扩散法测定。

（7）缓效钾：采用硝酸提取——火焰光度法测定。

（8）有效铜、锌、铁、锰：采用 DPTA 提取——原子吸收光谱法测定。

（9）有效硼：采用沸水浸提——甲亚铵—H 比色法或姜黄素比色法测定。

（10）有效硫：采用磷酸盐—乙酸或氯化钙浸提——硫酸钡比浊法测定。

（11）有效硅：采用柠檬酸浸提——硅钼蓝色比色法测定。

（12）交换性钙和镁：采用乙酸铵提取——原子吸收光谱法测定。

（13）阳离子交换量：采用 EDTA——乙酸铵盐交换法测定。

二、分析测试质量控制

分析测试质量主要包括野外调查取样后样品风干、处理与实验室分析化验质量，其质量的控制是调查评价的关键。

（一）样品风干及处理

样品采集后要及时放置在干燥、通风、卫生、无污染的室内风干，风干后送化验室处理。

将风干后的样品平铺在制样板上，用木棍或塑料棍碾压，并将植物残体、石块等侵入体和新生体剔除干净。细小已断的植物须根，可采用静电吸附的方法清除。压碎的土样用 2 毫米孔径筛过筛，未通过的土粒重新碾压，直至全部样品通过 2 毫米孔径筛为止。通过 2 毫米孔径筛的土样可供 pH、盐分、交换性能及有效养分等项目的测定。

将通过 2 毫米孔径筛的土样用四分法取出一部分继续碾磨，使之全部通过 0.25 毫米孔径筛，供有机质、全氮等项目的测定。

用于微量元素分析的土样，其处理方法同一般化学分析样品，但在采样、风干、研磨、过筛、运输、储存等诸环节都要特别注意，不要接触容易造成样品污染的铁、铜等金属器具。采样、制样推荐使用不锈钢、木、竹或塑料工具，过筛使用尼龙网筛等。通过 2

毫米孔径尼龙筛的样品可用于测定土壤有效态微量元素。

将风干土样反复碾压，用 2 毫米孔径筛过筛。留在筛上的碎石称量后保存，同时将过筛的土壤称重，计算石砾质量百分数。将通过 2 毫米孔径筛的土样混匀后盛于广口瓶内，用于颗粒分析及其他物理性质测定。若风干土样中有铁锰结核、石灰结核、石子或半风化体，不能用木棍碾碎，应首先将其细心检出称量保存，然后再进行碾碎。

（二）实验室质量控制

1. 在测试前采取的主要措施

（1）按《规程》要求制订了周密的采样方案，尽量减少采样误差（把采样作为分析检验的一部分）。

（2）人员培训：正式开始分析前，对检验人员进行了为期 2 周的培训。对监测项目、监测方式、操作要点、注意事项等进行培训，并进行了质量考核，为监验人员掌握了解项目分析技术、提高业务水平、减少误差等奠定了基础。

（3）收样登记制度：制定了收样登记制度，将收样时间、制样时间、处理方法与时间、分析时间逐项登记，并在收样时确定样品统一编码、野外编码及标签等，从而确保了样品的真实性和整个过程的完整性。

（4）测试方法确认（尤其是同一项目有几种检测方法时）：根据实验室现有条件、要求规定及分析人员掌握情况等确定最终采取的分析方法。

（5）测试环境确认：为减少系统误差，对实验室温湿度、试剂、用水、器皿等逐项检验，保证其符合测试条件。对有些相互干扰的项目分开实验室进行分析。

（6）检测用仪器设备及时进行计量检定，定期进行运行状况检查。

2. 在检测中采取的主要措施

（1）仪器使用实行登记制度，并及时对仪器设备进行检查维修和调整。

（2）严格执行项目分析标准或规程，确保测试结果准确性。

（3）坚持平行试验、必要的重显性试验，控制精密度，减少随机误差。

每个项目开始分析时每批样品均须做 100%平行样品，结果稳定后，平行次数减少 50%，最少保证做 10%～15%平行样品。每个化验人员都自行编入明码样做平行测定，质控员还编入 10%密码样进行质量按制。

平行双样测定结果的误差在允许的范围之内为合格；平行双样测定全部不合格者，该批样品须重新测定；平行双样测定合格率＜95%时，除对不合格的重新测定外，再增加 10%～20%的平行测定率，直到总合格率达到 95%以上。

（4）坚持带质控样进行测定：

①与标准样对照。分析中，每批次带标准样品 10%～20%，以测定的精密度合格的前提下，标准样测定值在标准保证值（95%的置信水平）范围的为合格，否则本批结果无效，进行重新分析测定。

②加标回收法。对灌溉水样由于无标准物质或质控样品，采用加标回收试验来测定准确度。

加标率，在每批样品中，随机抽取 10%～20%的试样进行加标回收测定。

加标量，被测组分的总量不得超出方法的测定上限。加标浓度宜高，体积应小，不应超过原定试样体积的 1%。

加标回收率在 90%～110%的为合格。

$$加标回收率(\%) = \frac{加标试样测定值 - 试样测定值}{加标量} \times 100$$

根据回收率大小，也可判断是否存在系统误差。

（5）注重空白试验：全程空白值是指用某一方法测定某物质时，除样品中不含该物质外，整个分析过程中引起的信号值或相应浓度值。它包含了试剂、蒸馏水中杂质带来的干扰，从待测试样的测定值中扣除，可消除上述因素带来的系统误差。如果空白值过高，则要找出原因，采取其他措施（如提纯试剂、更新试剂、更换容器等）加以消除。保证每批次样品做两个以上空白样，并在整个项目开始前按要求做全程序空白测定，每次做两个平行空白样，连测 5 天共得 10 个测定结果，计算批内标准偏差 S_{wb}。

$$S_{wb} = [\sum (X_i - X_{平})^2 / m(n-1)]^{1/2}$$

式中：n——每天测定平均样个数；

m——测定天数。

（6）做好校准曲线：比色分析中标准系列保证设置 6 个以上浓度点。根据浓度和吸光值按一元线性回归方程计算其相关系数。

$$Y=a+bX$$

式中：Y——吸光度；

X——待测液浓度；

a——截距；

b——斜率。

要求标准曲线相关系数 r≥0.999。校准曲线控制：

①每批样品皆需做校准曲线。

②标准曲线力求 r≥0.999，且有良好重现性。

③大批量分析时每测 10～20 个样品要用一标准液校验，检查仪器状况。

④待测液浓度超标时不能任意外推。

（7）用标准物质校核实验室的标准滴定溶液：标准物质的作用是校准。对测量过程中使用的基准纯、优级纯的试剂进行校验。校准合格才准用，确保量值准确。

（8）详细、如实记录测试过程，使检测条件可再现、检测数据可追溯。对测量过程中出现的异常情况也及时记录，及时查找原因。

（9）认真填写测试原始记录，测试记录做到：如实、准确、完整、清晰。记录的填写、更改均制定了相应制度和程序。当测试由一人读数一人记录时，记录人员复读多次所记的数字，减少误差发生。

3. 检测后主要采取的技术措施

（1）加强原始记录校核、审核，实行“三审三校”制度，对发现的问题及时研究、解决，或召开质量分析会，达成共识。

（2）运用质量控制图预防质量事故发生：对运用均值—极差控制图的判断，参照《质量专业理论与实践》中的判断标准。对控制样品进行多次重复测定，由所得结果计算出控制样的平均值 X 及标准差 S（或极差 R），就可绘制均值—标准差控制图（或均值—极差控制图），纵坐标为测定值，横坐标为获得数据的顺序。将均值 X 作成与横坐标平行的中心级 CL，$X\pm3S$ 为上下控制限 UCL 及 LCL，$X\pm2S$ 为上下警戒限 UWL 及 LWL，在进行试样列行分析时，每批带入控制样，根据差异判异准则进行判断。如果在控制限之外，该批结果为全部错误结果，则必须查出原因，采样措施，加以消除，除“回控”后再重复测定，并控制不再出现。如果控制样的结果落在控制限和警戒限之间，说明精密度已不理想，应引起注意。

（3）控制检出限：检出限是指对某一特定的分析方法在给定的置信水平内，可以从样品中检测的待测物质的最小浓度或最小量。根据空白测定的批内标准偏差（S_{wb}）按下列公式计算检出限（95%的置信水平）。

①若试样一次测定值与零浓度试样一次测定值有显著性差异时，检出限（L）按下列公式计算：

$$L = 2 \times 2^{1/2} t_f S_{wb}$$

式中：t_f——显著水平为 0.05（单测）、自由度为 f 的 t 值；

S_{wb}——批内空白值标准偏差；

f——批内自由度，$f=m(n-1)$，m 为重复测定数，n 为平行测定次数。

②原子吸收分析方法中检出限计算：$L=3S_{wb}$。

③分光光度法以扣除空白值后的吸光值为 0.010 相对应的浓度值为检出限。

（4）及时对异常情况处理。

①异常值的取舍。对检测数据中的异常值，按 GB/T 4883—2008 标准规定采用 Grubbs 法或 Dixon 法加以判断处理。

②因外界干扰（如停电、停水），检测人员应终止检测，待排除干扰后重新检测，并记录干扰情况。当仪器出现故障时，故障排除后校准合格的，方可重新检测。

（5）使用计算机采集、处理、运算、记录、报告存储检测数据时，应制订相应的控制程序。

（6）检验报告的编制、审核、签发：检验报告是实验工作的最终结果，是试验室的产品，因此对检验报告质量要高度重视。检验报告应做到完整、准确、清晰、结论正确。必须坚持三级审核制度，明确制表、审核、签发的职责。

除此之外，为保证分析化验质量，提高实验室之间分析结果的可比性，山西省土壤肥料工作站抽查 5%～10%样品在山西省分析测试中心进行复核，并编制密码样，对实验室进行质量监督和控制。

4. 技术交流 在分析过程中，发现问题及时交流，改进方法，不断提高技术水平。

5. 数据录入 分析数据按《规程》和方案要求审核后编码整理，和采样点逐一对照，确认无误后进行录入。采取双人录入相互对照的方法，保证录入正确率。

第五节 评价依据、方法及评价标准体系的建立

一、耕地地力评价原则依据

经山西省农业厅土壤肥料工作站、山西农业大学资源环境学院、忻州市土壤肥料工作站及方山县土壤肥料工作站专家评议，方山县确定了11个因子为耕地地力评价指标。

1. 立地条件 指耕地土壤的自然环境条件，它包含了与耕地质量直接相关的地貌类型及地形部位、成土母质、地面坡度等。

（1）地貌类型：方山县的主要地形地貌以形态特征划分为三大类型，河谷平川区、丘陵区、山区。

河谷平川区包括有河漫滩、一级阶地、二级阶地及部分高阶地；丘陵区包括滹沱河南北边坡的黄土丘陵区和洪积扇部分；山地包括土石山区、石山区、南部石山区。

（2）成土母质及其主要分布：在方山县耕地上分布的母质类型按成因类型分为残积—坡积母质，分布在山地区；洪积—冲积母质分布在山前洪积扇和山前平原；冲积母质分布在滹沱河两岸的河漫滩和一级阶地上；黄土及黄土状母质主要在山前残丘、广大的丘陵地带、二级阶地及高阶地地段。

（3）地面坡度：地面坡度反映水土流失程度，直接影响耕地地力。方山县将地面坡度小于25°的耕地依坡度大小分为6级（≤2.0°、2.1°～5.0°、5.1°～8.0°、8.1°～15.0°、15.1°～25.0°、≥25.0°）进入地力评价系统。

（4）耕层厚度：耕层厚度反映作物生长的有效土层深度（厘米），直接影响耕地的地力。方山县将耕层厚度分为4级（≤15、15～20、20～25、25～30）。

2. 土壤属性

（1）土体构型：指土壤剖面中不同土层间质地构造变化情况，直接反映土壤发育及障碍层次，影响根系发育、水肥保持及有效供给，包括有效土层厚度、耕作层厚度、质地构型3个因素。

①有效土层厚度。指土壤层和松散的母质层之和，按其厚度（厘米）深浅从高到低依次分为6级（>150、101～150、76～100、51～75、26～50、≤25）进入地力评价系统。

②耕层厚度。按其厚度（厘米）深浅从高到低依次分为6级（>30、26～30、21～25、16～20、11～15、≤10）进入地力评价系统。

③质地构型。方山县耕地质地构型主要分为通体型（包括通体壤、通体黏、通体沙）、夹砂（包括壤夹沙、黏夹沙）、底沙、夹黏（包括壤夹黏、沙夹黏）、深黏、夹砾、底砾、通体少砾、通体多砾、通体少姜、浅姜、通体多姜等。

（2）耕层土壤理化性状：分为较稳定的理化性状（容重、质地、有机质、pH）和易变化的化学性状（有效磷、速效钾）两大部分。

①容重（克/立方厘米）。影响作物根系发育及水肥供给，进而影响产量。从高到低依次分为6级（≤1.00、1.01～1.14、1.15～1.26、1.27～1.30、1.31～1.4、>1.40）进入地力评价系统。

②质地。影响水肥保持及耕作性能。按卡庆斯基制的6级划分体系来描述，分别为沙土、沙壤、轻壤、中壤、重壤、黏土。

③有机质。土壤肥力的重要指标，直接影响耕地地力水平。按其含量（克/千克）从高到低依次分为6级（>25.00、20.01～25.00、15.01～20.00、10.01～15.00、5.01～10.00、≤5.00）进入地力评价系统。

④pH。过大或过小，作物生长发育受抑。按照方山县耕地土壤的pH范围，按其测定值由低到高依次分为6级（6.0～7.0、7.0～7.9、7.9～8.5、8.5～9.0、9.0～9.5、≥9.5）进入地力评价系统。

⑤有效磷。按其含量（毫克/千克）从高到低依次分为6级（>25.00、20.1～25.00、15.1～20.00、10.1～15.00、5.1～10.00、≤5.00）进入地力评价系统。

⑥速效钾。按其含量（毫克/千克）从高到低依次分为6级（>200、151～200、101～150、81～100、51～80、≤50）进入地力评价系统。

3. 农田基础设施条件

园（梯）田化水平：按园田化和梯田类型及其熟化程度分为地面平坦、园田化水平高，地面基本平坦、园田化水平较高，高水平梯田，缓坡梯田，新修梯田，坡耕地6种类型。

二、耕地地力评价方法及流程

1. 技术方法

（1）文字评述法：对一些概念性的评价因子（如地形部位、土壤母质、质地构型、质地、灌溉保证率等）进行定性描述。

（2）专家经验法（德尔菲法）：在山西省农科系统邀请山西农业大学资源环境学院、山西省农业厅土壤肥料工作站、各市（县）具有一定学术水平和农业生产实践经验的土壤肥料界的18名专家，参与评价因素的筛选和隶属度确定（包括概念型和数值型评价因子的评分），见表2-1。

表2-1　各评价因子专家打分意见

因子	平均值	众数值	建议值
立地条件（C_1）	1.60	1（11）	1
土体构型（C_2）	3.20	3（9）5（6）	3
较稳定的理化性状（C_3）	3.50	3（6）5（9）	4
易变化的化学性状（C_4）	3.80	5（9）4（6）	5
农田基础建设（C_5）	1.47	1（15）	1
地形部位（A_1）	1.80	1（13）	1
成土母质（A_2）	3.80	3（6）5（10）	5
地面坡度（A_3）	3.30	3（10）5（6）	3

（续）

因 子	平均值	众数值	建议值
耕层厚度（A_4）	2.00	3（10）1（6）	3
耕层质地（A_5）	2.90	1（9）5（7）	1
有机质（A_6）	2.70	1（10）3（7）	3
盐渍化程度（A_7）	2.70	3（9）3（7）	1
pH（A_8）	4.00	3（8）6（8）	5
有效磷（A_9）	1.00	1（11）	1
速效钾（A_{10}）	2.20	3（6）3（8）	3
灌溉保证率（A_{11}）	1.20	1（16）	1

（3）模糊综合评判法：应用这种数理统计的方法对数值型评价因子［如地面坡度、耕层厚度、土壤容重、有机质、有效磷、速效钾、酸碱度、园（梯）田化水平等］进行定量描述，即利用专家给出的评分（隶属度）建立某一评价因子的隶属函数。见表 2-2。

表 2-2 方山县耕地地力评价数字型因子分级及其隶属度

评价因子	量纲	1级	2级	3级	4级	5级	6级
		量值	量值	量值	量值	量值	量值
地面坡度	°	<2.0	2.0～5.0	5.1～8.0	8.1～15.0	51.1～25.0	≥25
耕层厚度	厘米	>30	26～30	21～25	16～20	11～15	≤10
有机质	克/千克	>25.0	20.01～25.00	15.01～20.00	10.01～15.00	5.01～10.00	≤5.00
有效磷	毫克/千克	>25.0	20.1～25.0	15.1～20.0	10.1～15.0	5.1～10.0	≤5.0
速效钾	毫克/千克	>200	151～200	101～150	81～100	51～80	≤50

（4）层次分析法：用于计算各参评因子的组合权重。本次评价，把耕地生产性能（即耕地地力）作为目标层（G 层），把影响耕地生产性能的立地条件、土体构型、较稳定的理化性状、易变化的化学性状、农田基础设施条件作为准则层（C 层），再把影响准则层中的各因素的项目作为指标层（A 层），建立耕地地力评价层次结构图。在此基础上，由 18 名专家分别对不同层次内各参评因素的重要性作出判断，构造出不同层次间的判断矩阵。最后计算出各评价因子的组合权重。

（5）指数和法：采用加权法计算耕地地力综合指数，即将各评价因子的组合权重与相应的因素等级分值（即由专家经验法或模糊综合评价法求得的隶属度）相乘后累加，如：

$$IFI = \sum B_i \times A_i (i = 1,2,3\cdots,12)$$

式中：IFI——耕地地力综合指数；

B_i——第 i 个评价因子的等级分值；

A_i——第 i 个评价因子的组合权重。

2. 技术流程

（1）应用叠加法确定评价单元：把基本农田保护区规划图与土地利用现状图、土壤图叠加形成的图斑作为评价单元。

（2）空间数据与属性数据的连接：用评价单元图分别与各个专题图叠加，为第一评价单元获取相应的属性数据。根据调查结果，提取属性数据进行补充。

（3）确定评价指标：根据全国耕地地力调查评价指数表，由山西省土壤肥料工作站组织 18 名专家，采用德尔菲法和模糊综合评判法确定方山县耕地地力评价因子及其隶属度。

（4）数据标准化：计算各评价因子的隶属函数，对各评价因子的隶属度数值进行标准化。

（5）应用累加法计算每个评价单元的耕地地力综合指数。

（6）划分地力等级：分析综合地力指数分布，确定耕地地力综合指数的分级方案，划分地力等级。

（7）归入农业部地力等级体系：选择 10%的评价单元，调查近 3 年粮食单产（或用基础地理信息系统中已有资料），与以粮食作物产量为引导确定的耕地基础地力等级进行相关分析，找出两者之间的对应关系，将评价的地力等级归入农业部确定的等级体系（NY/T 309—1996 全国耕地类型区、耕地地力等级划分）。

（8）采用 GIS、GPS 系统编绘各种养分图和地力等级图等图件。

三、耕地地力评价标准体系建立

1. 耕地地力要素的层次结构 方山县耕地地力要素的层次结构见图 2-2。

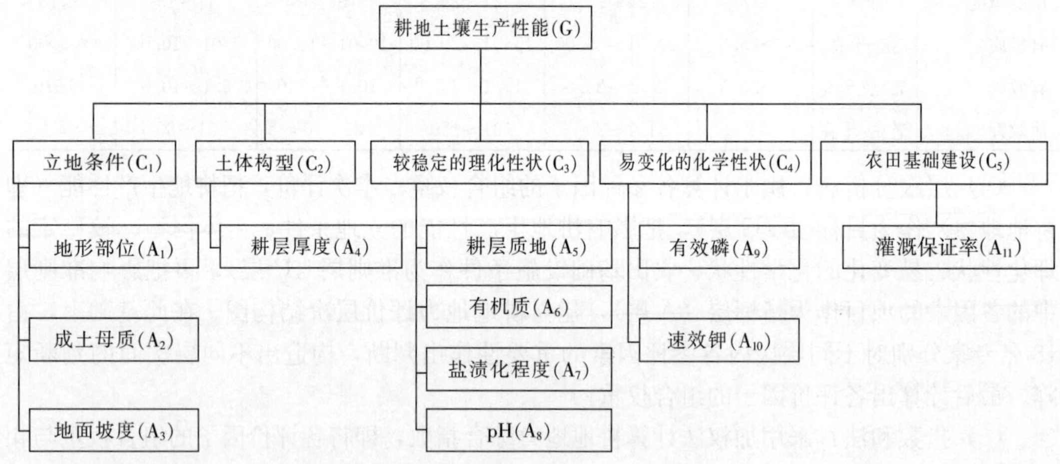

图 2-2 耕地地力要素层次结构

2. 耕地地力要素的隶属度

（1）概念性评价因子：各评价因子的隶属度及其描述见表 2-3。

（2）数值型评价因子：各评价因子的隶属函数（经验公式）见表 2-4。

3. 耕地地力要素的组合权重 应用层次分析法所计算的各评价因子的组合权重见表 2-5。

4. 耕地地力分级标准 方山县耕地地力分级标准见表 2-6。

表 2-3　方山县耕地地力评价概念性因子隶属度及其描述

地形部位	河漫滩	一级阶地	二级阶地	高阶地	垣地	洪积扇（上、中、下）			倾斜平原	梁地	峁地	坡麓	沟谷
隶属度	0.7	1.0	0.9	0.7	0.4	0.4	0.6	0.8	0.8	0.2	0.2	0.1	0.6

母质类型	洪积物	河流冲积物	黄土状冲积物	残积物	保德红土	马兰黄土	离石黄土
隶属度	0.7	0.9	1.0	0.2	0.3	0.5	0.6

质地构型	通体壤	黏夹沙	底沙	壤夹黏	壤夹沙	沙夹黏	通体黏	夹砾	底砾	少砾	多砾	少姜	浅姜	多姜	通体沙	浅钙积
隶属度	1.0	0.6	0.7	1.0	0.9	0.3	0.6	0.6	0.7	0.8	0.2	0.8	0.4	0.2	1.0	0.5

耕层质地	沙土	沙壤	轻壤	中壤	重壤	黏土
隶属度	0.2	0.6	0.8	1.0	0.8	0.4

盐渍化程度		无	轻	中	重
描述	全盐量	苏打为主，＜0.1％	0.1％～0.3％	0.3％～0.5％	≥0.5％
		氯化物为主，＜0.2％	0.2％～0.4％	0.4％～0.6％	≥0.6％
		硫酸盐为主，＜0.3％	0.3％～0.5％	0.5％～0.7％	≥0.7％
隶属度		1.0	0.7	0.4	0.1

灌溉保证率	充分满足	基本满足	一般满足	无灌溉条件
隶属度	1.0	0.7	0.4	0.1

表 2-4　方山县耕地地力评价数值型因子隶属函数

函数类型	评价因子	经验公式	C	U_t
戒下型	地面坡度（°）	$y=1/[1+6.492\times10^{-3}\times(u-c)^2]$	3.0	≥25
戒上型	耕层厚度（厘米）	$y=1/[1+4.057\times10^{-3}\times(u-c)^2]$	33.8	≤10
戒下型	土壤容重（克/立方厘米）	$y=1/[1+3.99^4\times(u-c)^2]$	1.08	≥1.42
戒上型	有机质（克/千克）	$y=1/[1+2.912\times10^{-3}\times(u-c)^2]$	28.4	≤5.00
戒上型	有效磷（毫克/千克）	$y=1/[1+3.035\times10^{-3}\times(u-c)^2]$	28.85	≤5.00
戒上型	速效钾（毫克/千克）	$y=1/[1+5.389\times10^{-5}\times(u-c)^2]$	228.76	≤50

表 2-5　方山县耕地评价采用的 8 项评价指标

指标层	准则层				组合权重
	C_1 0.455 6	C_2 0.102 1	C_3 0.268 5	C_4 0.173 8	$\sum C_i A_i$ 1.000 0
A_1地形部位	0.652 6				0.297 4
A_2地面坡度	0.347 4				0.158 3
A_3耕层厚度		1.000 0			0.102 1
A_4耕层质地			0.380 4		0.102 1
A_5有机质			0.380 4		0.102 1
A_6pH			0.239 2		0.064 2
A_7有效磷				0.686 2	0.119 3
A_8速效钾				0.313 8	0.054 5

表 2-6　方山县耕地地力等级标准

等　级	生产能力综合指数
一级地	≥0.75
二级地	0.70～0.75
三级地	0.57～0.70
四级地	0.46～0.57
五级地	0.44～0.46
六级地	0.36～0.44

第六节　耕地资源管理信息系统建立

一、耕地资源管理信息系统的总体设计

总体目标

耕地资源信息系统以一个县行政区域内耕地资源为管理对象，应用 GIS 技术对辖区内的地形、地貌、土壤、土地利用、农田水利、土壤污染、农业生产基本情况、基本农田保护区等资料进行统一管理，构建耕地资源基础信息系统，并将此数据平台与各类管理模型结合，对辖区内的耕地资源进行系统的动态管理，为农业决策者、农民和农业技术人员提供耕地质量动态变化、土壤适宜性、施肥咨询、作物营养诊断等多方位的信息服务。

本系统行政单元为村，农田单元为基本农田保护块，土壤单元为土种，系统基本管理单元为土壤、基本农田保护块、土地利用现状叠加所形成的评价单元。

1. 系统结构　见图 2-3。

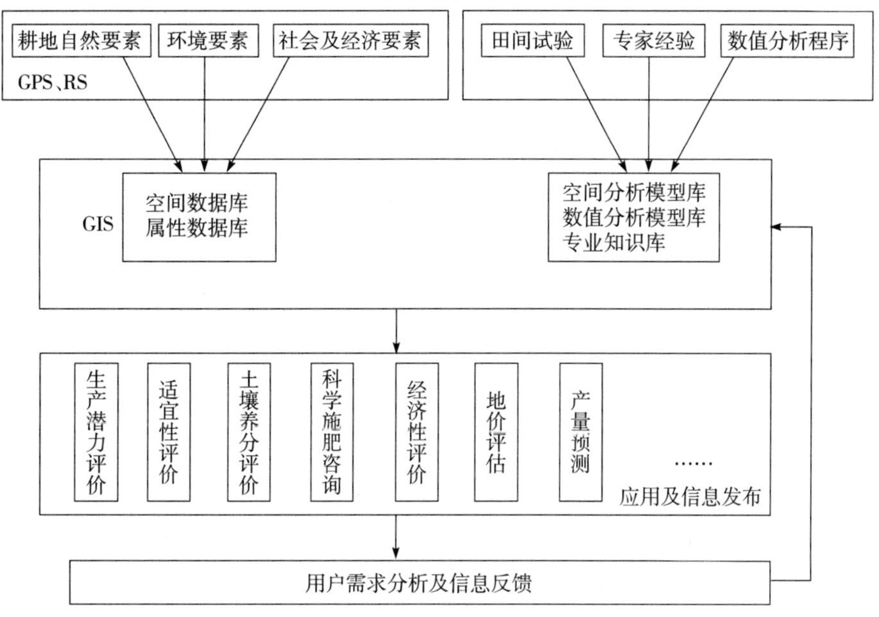

图 2-3　耕地资源管理信息系统结构

2. 县域耕地资源管理信息系统建立工作流程　见图 2-4。

3. CLRMIS、硬件配置

（1）硬件：P5 及其兼容机，≥1G 的内存，≥20G 的硬盘，A4 扫描仪，彩色喷墨打印机。

（2）软件：Windows 2000/XP，Excel 2000/XP 等。

二、资料收集与整理

1. 图件资料收集与整理　图件资料指印刷的各类地图、专题图以及商品数字化矢量和栅格图。图件比例尺为 1∶50 000 和 1∶10 000。

（1）地形图：统一采用中国人民解放军总参谋部测绘局测绘的地形图。由于近年来公路、水系、地形地貌等变化较大，因此采用水利、公路、规划、国土等部门的有关最新图件资料对地形图进行修正。

（2）行政区划图：由于近年撤乡并镇等工作致使部分地区行政区划变化较大，因此按最新行政区划进行修正，同时注意名称、拼音、编码等的一致。

（3）土壤图及土壤养分图：采用第二次土壤普查成果图。

（4）基本农田保护区现状图：采用国土局最新划定的基本农田保护区图。

（5）地貌类型分区图：根据地貌类型将辖区内农田分区，采用第二次土壤普查分类系

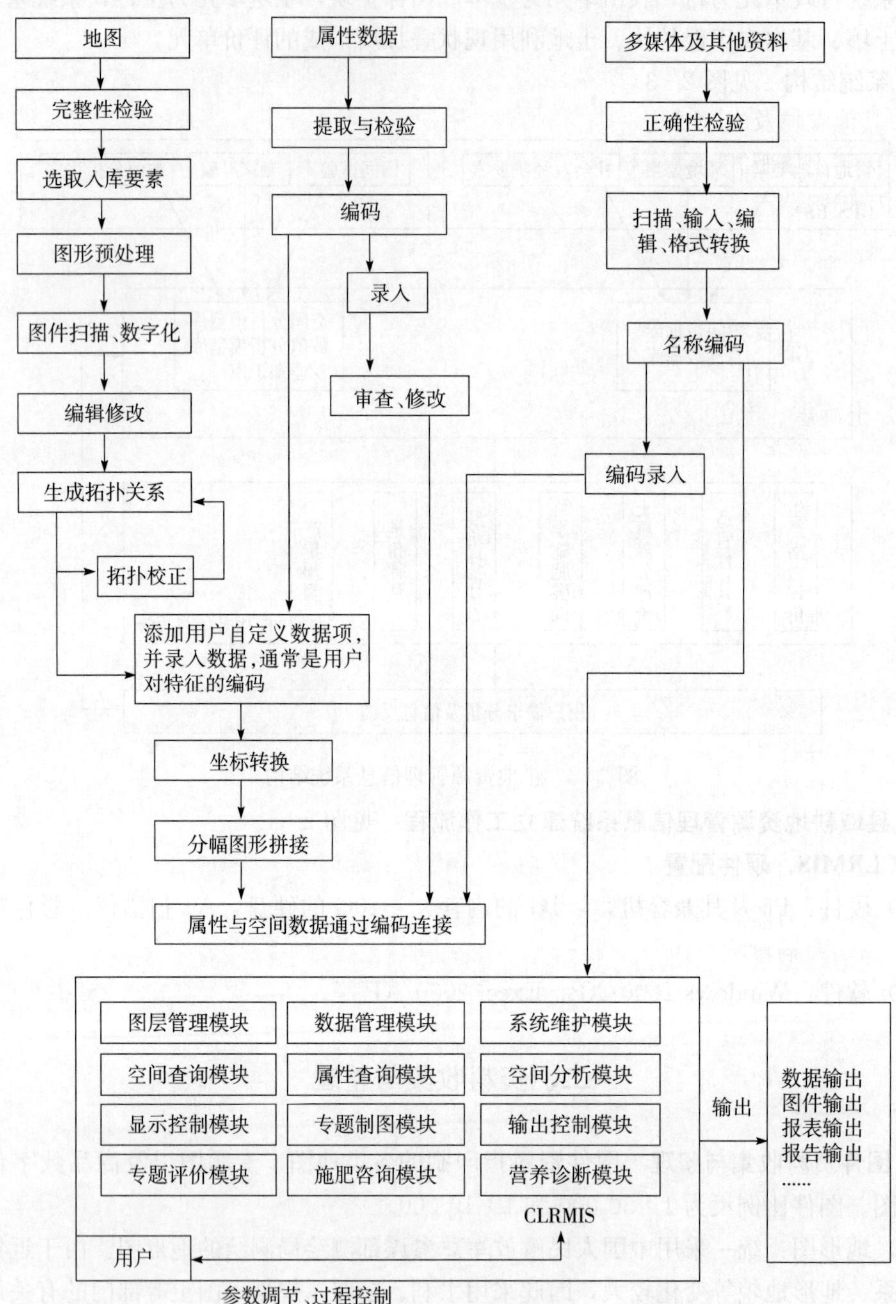

图 2-4　县域耕地资源管理信息系统建立工作流程

统绘制成图。

（6）土地利用现状图：采用 2009 年第二次土地调查成果及现状图。

（7）土壤肥力监测点点位图：在地形图上标明准确位置及编号。

（8）土壤普查土壤采样点点位图：在地形图上标明准确位置及编号。

2. 数据资料收集与整理

(1) 基本农田保护区一级、二级地块登记表，国土局基本农田划定资料。

(2) 其他有关基本农田保护区划定统计资料，国土局基本农田划定资料。

(3) 近几年粮食单产、总产、种植面积统计资料（以村为单位）。

(4) 其他农村及农业生产基本情况资料。

(5) 历年土壤肥力监测点田间记载及化验结果资料。

(6) 历年肥情点资料。

(7) 县、乡、村名编码表。

(8) 近几年土壤、植株化验资料（土壤普查、肥力普查等）。

(9) 近几年主要粮食作物、主要品种产量构成资料。

(10) 各乡历年化肥销售、使用情况。

(11) 土壤志、土种志。

(12) 特色农产品分布、数量资料。

(13) 当地农作物品种及特性资料，包括各个品种的全生育期、大田生产潜力、最佳播期、播种量、100 千克籽粒需氮量、需磷量、需钾量，及品种特性介绍。

(14) 一元、二元、三元肥料肥效试验资料，计算不同地区、不同土壤、不同作物品种的肥料效应函数。

(15) 不同土壤、不同作物基础地力产量占常规产量比例资料。

3. 文本资料收集与整理

(1) 全县及各乡（镇）基本情况描述。

(2) 各土种性状描述，包括其发生、发育、分布、生产性能、障碍因素等。

4. 多媒体资料收集与整理

(1) 土壤典型剖面照片。

(2) 土壤肥力监测点景观照片。

(3) 当地典型景观照片。

(4) 特色农产品介绍（文字、图片）。

(5) 地方介绍资料（图片、录像、文字、音乐）。

三、属性数据库建立

（一）属性数据内容

CLRMIS 主要属性资料及其来源见表 2-7。

表 2-7　CLRMIS 主要属性资料及其来源

编号	名　　称	来　源
1	湖泊、面状河流属性表	水利局
2	堤坝、渠道、线状河流属性数据	水利局
3	交通道路属性数据	交通局
4	行政界线属性数据	农业局

（续）

编号	名　称	来　源
5	耕地及蔬菜地灌溉水、回水分析结果数据	农业局
6	土地利用现状属性数据	国土局、卫星图片解译
7	土壤、植株样品分析化验结果数据表	本次调查资料
8	土壤名称编码表	土壤普查资料
9	土种属性数据表	土壤普查资料
10	基本农田保护块属性数据表	国土局
11	基木农田保护区基本情况数据表	国土局
12	地貌、气候属性表	土壤普查资料
13	县乡村名编码表	统计局

（二）属性数据分类与编码

数据的分类编码是对数据资料进行有效管理的重要依据。编码的主要目的是节省计算机内存空间，便于用户理解使用。地理属性进入数据库之前进行编码是必要的，只有进行了正确的编码，空间数据库与属性数据库才能实现正确连接。编码格式有英文字母与数字组合。本系统主要采用数字表示的层次型分类编码体系，它能反映专题要素分类体系的基本特征。

（三）建立编码字典

数据字典是数据库应用设计的重要内容，是描述数据库中各类数据及其组合的数据集合，也称元数据。地理数据库的数据字典主要用于描述属性数据，其本身是一个特殊用途的文件，在数据库整个生命周期里都起着重要的作用。它避免重复数据项的出现，并提供了查询数据的唯一入口。

（四）数据库结构设计

属性数据库的建立与录入可独立于空间数据库和 GIS 系统，可以在 Access、dBase、Foxbase 和 Foxpro 下建立，最终统一以 dBase 的 dbf 格式保存入库。下面以 dBase 的 dbf 数据库为例进行描述。

1. 湖泊、面状河流属性数据库 lake. dbf

字段名	属　性	数据类型	宽　度	小数位	量　纲
lacode	水系代码	N	4	0	代　码
laname	水系名称	C	20	—	—
lacontent	湖泊储水量	N	8	0	万立方米
laflux	河流流量	N	6	—	立方米/秒

2. 堤坝、渠道、线状河流属性数据 stream. dbf

字段名	属　性	数据类型	宽　度	小数位	量　纲
ricode	水系代码	N	4	0	代　码
riname	水系名称	C	20	—	—
riflux	河流、渠道流量	N	6	—	立方米/秒

3. 交通道路属性数据库 traffic. dbf

字段名	属　性	数据类型	宽　度	小数位	量　纲
rocode	道路编码	N	4	0	代　码
roname	道路名称	C	20	—	—
rograde	道路等级	C	1	—	—
rotype	道路类型	C	1	—	(黑色/水泥/石子/土)

4. 行政界线（省、市、县、乡、村）属性数据库 boundary. dbf

字段名	属　性	数据类型	宽　度	小数位	量　纲
adcode	界线编码	N	1	0	代　码
adname	界线名称	C	4	—	—
adcode	name	—	—	—	—
1	国界	—	—	—	—
2	省界	-	—	—	—
3	市界	—	—	—	—
4	县界	—	—	—	—
5	乡界	—	—	—	—
6	村界				

5. 土地利用现状* 属性数据库 landuse. dbf

* 土地利用现状分类表。

字段名	属　性	数据类型	宽　度	小数位	量　纲
lucode	利用方式编码	N	2	0	代　码
luname	利用方式名称	C	10	—	—

6. 土种属性数据表 soil. dbf

* 土壤系统分类表。

字段名	属　性	数据类型	宽　度	小数位	量　纲
sgcode	土种代码	N	4	0	代　码
stname	土类名称	C	10	—	—
ssname	亚类名称	C	20	—	—
skname	土属名称	C	20	—	—
sgname	土种名称	C	20	—	—
pamaterial	成土母质	C	50	—	—
profile	剖面构型	C	50	—	—
土种典型剖面有关属性数据：					
text	剖面照片文件名	C	40	—	—
picture	图片文件名	C	50	—	—
html	HTML 文件名	C	50	—	—
video	录像文件名	C	40	—	—

7. 土壤养分（pH、有机质、氮等）属性数据库 nutr＊＊＊＊.dbf

本部分由一系列的数据库组成，视实际情况不同有所差异，如在盐碱土地区还包括盐分含量及离子组成等。

（1）pH 库 nutrpH. dbf：

字段名	属　性	数据类型	宽　度	小数位	量　纲
code	分级编码	N	4	0	代　码
number	pH	N	4	1	—

（2）有机质库 nutrom. dbf：

字段名	属　性	数据类型	宽　度	小数位	量　纲
code	分级编码	N	4	0	代　码
number	有机质含量	N	5	2	百分含量

（3）全氮量库 nutrN. dbf：

字段名	属　性	数据类型	宽　度	小数位	量　纲
code	分级编码	N	4	0	代　码
number	全氮含量	N	5	3	百分含量

（4）速效养分库 nutrP. dbf：

字段名	属　性	数据类型	宽　度	小数位	量　纲
code	分级编码	N	4	0	代　码
number	速效养分含量	N	5	3	毫克/千克

8. 基本农田保护块属性数据库 farmland. dbf

字段名	属　性	数据类型	宽　度	小数位	量　纲
plcode	保护块编码	N	7	0	代　码
plarea	保护块面积	N	4	0	亩
cuarea	其中耕地面积	N	6		—
eastto	东　至	C	20	—	—
westto	西　至	C	20	—	—
sorthto	南　至	C	20	—	—
northto	北　至	C	20	—	—
plperson	保护责任人	C	6	—	—
plgrad	保护级别	N	1	—	—

9. 地貌、气候属性 landform. dbf

＊地貌类型编码表。

字段名	属　性	数据类型	宽　度	小数位	量　纲
landcode	地貌类型编码	N	2	0	代　码
landname	地貌类型名称	C	10	—	—
rain	降水量	C	6	—	—

10. 基本农田保护区基本情况数据表（略）

11. 县、乡、村名编码表

字段名	属　性	数据类型	宽　度	小数位	量　纲
vicodec	单位编码—县内	N	5	0	代　码
vicoden	单位编码—统一	N	11	—	—
viname	单位名称	C	20	—	—
vinamee	名称拼音	C	30	—	—

（五）数据录入与审核

数据录入前仔细审核，数值型资料注意量纲、上下限，地名应注意汉字多音字、繁简体、简全称等问题，审核定稿后再录入。录入后仔细检查，保证数据录入无误后，将数据库转为规定的格式（dBase 的 dbf 文件格式文件），再根据数据字典中的文件名编码命名后保存在规定的子目录下。

文字资料以 TXT 格式命名保存，声音、音乐以 WAV 或 MID 文件保存，超文本以 HTML 格式保存，图片以 BMP 或 JPG 格式保存，视频以 AVI 或 MPG 格式保存，动画以 GIF 格式保存。这些文件分别保存在相应的子目录下，其相对路径和文件名录入相应的属性数据库中。

四、空间数据库建立

（一）数据采集的工艺流程

在耕地资源数据库建设中，数据采集的精度直接关系到现状数据库本身的精度和今后的应用，数据采集的工艺流程是关系到耕地资源信息管理系统数据库质量的重要基础工作。因此对数据的采集制定了一个详尽的工艺流程。首先，对收集的资料进行分类检查、整理与预处理；其次，按照图件资料介质的类型进行扫描，并对扫描图件进行扫描校正；再次，进行数据的分层矢量化采集、矢量化数据的检查；最后，对矢量化数据进行坐标投影转换与数据拼接工作以及数据、图形的综合检查和数据的分层与格式转换。

具体数据采集的工艺流程见图 2-5。

（二）图件数字化

1. 图件的扫描　由于所收集的图件资料为纸介质的图件资料，所以采用灰度法进行扫描。扫描的精度为 300dpi。扫描完成后将文件保存为 *.TIF 格式。在扫描过程中，为了能够保证扫描图件的清晰度和精度，对图件先进行预扫描。在预扫描过程中，检查扫描图件的清晰度，其清晰度必须能够区分图内的各要素，然后利用 LongtexFss8300 扫描仪自带的 CADimage/scan 扫描软件进行角度校正，角度校正后必须保证图幅下方两个内图廓点的连线与水平线的角度误差小于 0.2°。

2. 数据采集与分层矢量化　对图形的数字化采用交互式矢量化方法，确保图形矢量化的精度，在耕地资源信息管理系统数据库建设中需要采集的要素有：点状要素、线状要素和面状要素。由于所采集的数据种类较多，所以必须对所采集的数据按不同类型进行分层采集。

（1）点状要素的采集：可以分为 2 种类型，一种是零星地类；另一种是注记点。零星地类包括一些有点位的点状零星地类和无点位的零星地类。对于有点位的零星地类，在数

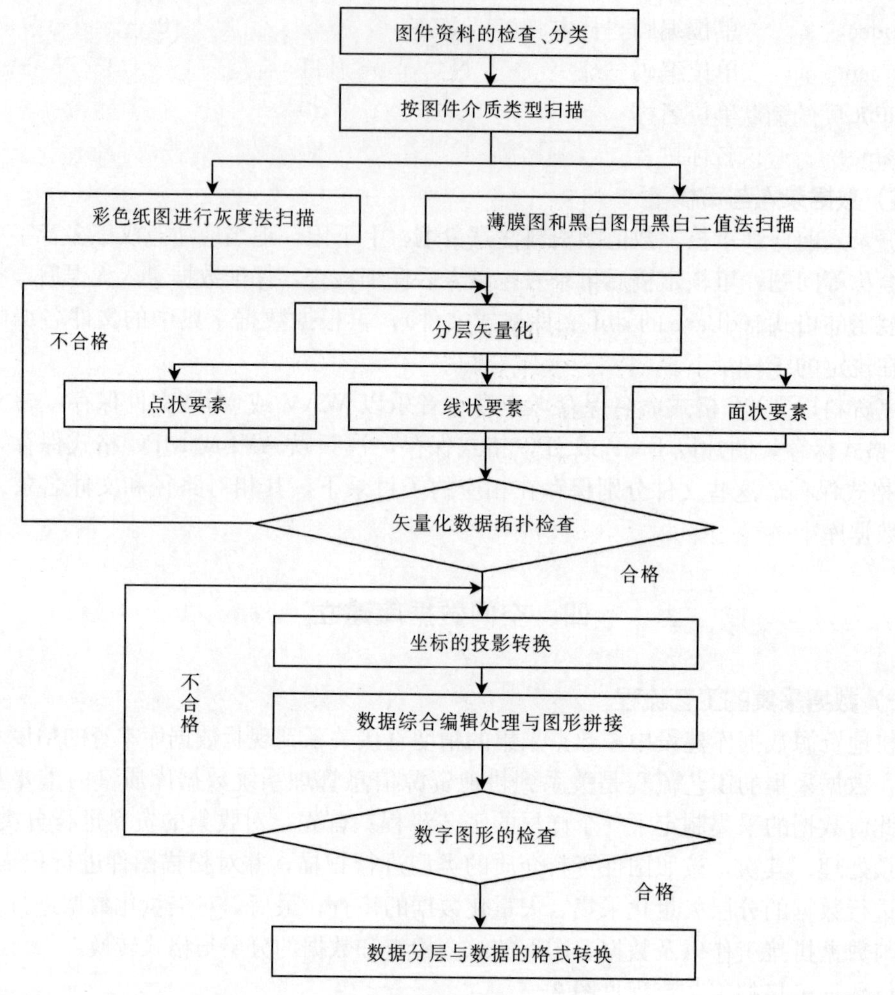

图 2-5　数据采集的工艺流程

据的分层矢量化采集时，将点标记置于点状要素的几何中心点，对于无点位的零星地类在分层矢量化采集时，将点标记置于原始图件的定位点。农化点位、污染源点位等注记点的采集按照原始图件资料中的注记点，在矢量化过程中一一标注相应的位置。

(2) 线状要素的采集：在耕地资源图件资料上的线状要素主要有水系、道路、带有宽度的线状地物界、地类界、行政界线、权属界线、土种界、等高线等，对于不同类型的线状要素，进行分层采集。线状地物主要是指道路、水系、沟渠等，线状地物数据采集时考虑到有些线状地物，由于其宽度较宽，如一些较大的河流、沟渠，它们在地图上可以按照图件资料的宽度比例表示为一定的宽度，则按其实际宽度的比例在图上表示；有些线状地物，如一些道路和水系，由于其宽度不能在图上表示，在采集其数据时，则按栅格图上的线状地物的中轴线来确定其在图上的实际位置。对地类界、行政界、土种界和等高线数据的采集，保证其封闭性和连续性。线状要素按照其种类不同分层采集、分层保存，以备数据分析时进行利用。

（3）面状要素的采集：面状要素要在线状要素采集后，通过建立拓扑关系形成区后进行，由于面状要素是由行政界线、权属界线、地类界线和一些带有宽度的线状地物界等面状要素所形成的一系列的闭合性区域，其主要包括行政区、权属区、土壤类型区等图斑。所以对于不同的面状要素，因采用不同的图层对其进行数据的采集。考虑到实际情况，将面状要素分为行政区层、地类层、土壤层等图斑层。将分层采集的数据分层保存。

（三）矢量化数据的拓扑检查

由于在矢量化过程中不可避免地要存在一些问题，因此，在完成图形数据分层矢量化，要进行下一步工作时，必须对分层矢量化以后的数据进行矢量化数据的拓扑检查，主要是完成以下几方面的工作。

1. 消除在矢量化过程中存在的一些悬挂线段 在线状要素的采集过程中，为了保证线段完成闭合，某些线段可能出现互相交叉的情况，这些均属于悬挂线段。在进行悬挂线段的检查时，首先使用 MapGIS 的线文件拓扑检查功能，自动对其检查和清除。如果其不能够自动清除的，则对照原始图件资料进行手工修正。对线状要素进行矢量化数据检查完成以后，随即由作图员对所矢量化的数据与原始图件资料相对比进行检查。如果在对检查过程中发现有一些通过拓扑检查所不能够解决的问题，矢量化数据的精度不符合精度要求的，或者是某些线状要素存在着一定的位移而难以校正的，则对其中的线状要素进行重新矢量化。

2. 检查图斑和行政区等面状要素的闭合性 图斑和行政区是反映一个地区耕地资源状况的重要属性。在对图件资料中的面状要素进行数据的分层矢量化采集中，由于图件资料中所涉及的图斑较多，在数据的矢量化采集过程中，有可能存在着一些图斑或行政界的不闭合情况，可以利用 MapGIS 的区文件拓扑检查功能，对在面状要素分层矢量化采集过程中所保存的一系列区文件进行适量化数据的拓扑检查。在拓扑检查过程中可以消除大多数区文件的不闭合情况。对于不能够自动消除的，通过与原始图件资料的相互检查，消除其不闭合情况。如果通过矢量化以后的区文件的拓扑检查，可以消除在矢量化过程中所出现的上述问题，则进行下一步工作，如果在拓扑检查以后还存在一些问题，则对其进行重新矢量化，以确保系统建设的精度。

（四）坐标的投影转换与图件拼接

1. 坐标转换 在进行图件的分层矢量化采集过程中，所建立的图面坐标系（单位为毫米），而在实际应用中，则要求建立平面直角坐标系（单位为米）。因此，必须利用 MapGIS 所提供的坐标转换功能，将图面坐标转换成为正投影的大地直角坐标系。在坐标转换过程中，为了能够保证数据的精度，可根据提供数据源的图件精度的不同，在坐标转换过程中，采用不同的质量控制方法进行坐标转换工作。

2. 投影转换 县级土地利用现状数据库的数据投影方法采用高斯投影，也就是将进行坐标转换以后的图形资料，按照大地坐标系的经纬度坐标进行转换，以便以后进行图件拼接。在进行投影转换时，对 1∶10 000 土地利用图件资料，投影的分带宽度为 3°。但是根据地形的复杂程度，行政区的跨度和图幅的具体情况，对于部分图形采用非标准的 3°分带高斯投影。

3. 图件拼接 方山县提供的 1∶10 000 土地利用现状图是采用标准分幅图，在系统建设过程中应把图幅进行拼接，在图斑拼接检查过程中，相邻图幅间的同名要素误差应小于1毫米，这时移动其任何一个要素进行拼接，同名要素间距为1～3毫米的处理方法是将两个要素各自移动一半，在中间部分结合，这样图幅接拼完全满足了精度要求。

五、空间数据库与属性数据库的连接

MapGIS系统采用不同的数据模型分别对属性数据和空间数据进行存储管理，属性数据采用关系模型，空间数据采用网状模型。两种数据的连接非常重要。在一个图幅工作单元Coverage中，每个图形单元由一个标识码来唯一确定。同时一个Coverage中可以若干个关系数据库文件即要素属性表，用以完成对Coverage的地理要素的属性描述。图形单元标识码是要素属性表中的一个关键字段，空间数据与属性数据以此字段形成关联，完成对地图的模拟。这种关联是MapGIS的两种模型连成一体，可以方便地从空间数据检索属性数据或者从属性数据检索空间数据。

对属性与空间数据的连接采用的方法是：在图件矢量化过程中，标记多边形标识点，建立多边形编码表，并运MapGIS将用Foxpro建立的属性数据库自动连接到图形单元中，这种方法可由多人同时进行工作，速度较快。

第三章　耕地土壤属性

第一节　耕地土壤类型

一、土壤类型及分布

根据全国第二次土壤普查及1983年山西省土壤分类系统，方山县土壤分为四大土类，12个亚类，41个土属，87个土种。具体分布见表3-1。各土类分布受地形、地貌、水文、地质条件影响。

表3-1　方山县耕种土壤类型对照（1982年普查数据）

土类	亚类	土　属	土　种
山地草甸土	1. 山地草甸土	1. 花岗片麻岩质山地草甸土	1. 花岗片麻岩质山地草甸土
山地棕壤	2. 山地生草棕壤	2. 花岗片麻岩质山地生草棕壤	2. 厚层花岗片麻岩质山地生草棕壤
		3. 砂页岩质山地生草棕壤	3. 中层砂页岩质山地生草棕壤
	3. 山地棕壤	4. 花岗片麻岩质山地棕壤	4. 中层花岗片麻岩质山地棕壤
			5. 厚层花岗片麻岩质山地棕壤
		5. 石英砂岩质山地棕壤	6. 薄层石英砂岩质山地棕壤
			7. 中层石英砂岩质山地棕壤
		6. 黄土质山地棕壤	8. 中层黄土质山地棕壤
	4. 山地棕壤性土	7. 花岗片麻岩质山地棕壤性土	9. 花岗片麻岩质粗骨性山地棕壤性土
灰褐土	5. 淋溶灰褐土	8. 花岗片麻岩质淋溶灰褐土	10. 薄层花岗片麻岩质淋溶灰褐土
			11. 中层花岗片麻岩质淋溶灰褐土
		9. 石英砂岩质淋溶灰褐土	12. 薄层石英砂岩质淋溶灰褐土
			13. 中层石英砂岩质淋溶灰褐土
			14. 厚层石英砂岩质淋溶灰褐土
		10. 砂页岩质淋溶灰褐土	15. 薄层砂页岩质淋溶灰褐土
			16. 中层砂页岩质淋溶灰褐土
			17. 厚层砂页岩质淋溶灰褐土
		11. 黄土质淋溶灰褐土	18. 中层黄土质淋溶灰褐土
			19. 厚层黄土质淋溶灰褐土
		12. 红黄土质淋溶灰褐土	20. 深位厚红黄土层黄土质淋溶灰褐土

（续）

土类	亚类	土属	土种
灰褐土	6. 山地灰褐土	13. 花岗片麻岩质山地灰褐土	21. 薄层花岗片麻岩质山地灰褐土
			22. 中层花岗片麻岩质山地灰褐土
			23. 厚层花岗片麻岩质山地灰褐土
		14. 石英砂岩质山地灰褐土	24. 薄层石英砂岩质山地灰褐土
		15. 砂页岩质山地灰褐土	25. 薄层砂页岩质山地灰褐土
			26. 中层砂页岩质山地灰褐土
		16. 石灰岩质山地灰褐土	27. 薄层石灰岩质山地灰褐土
		17. 黄土质山地灰褐土	28. 黄土质山地灰褐土
			29. 薄层黄土质山地灰褐土
			30. 中层黄土中山地灰褐土
		18. 粗骨性山地灰褐土	31. 花岗片麻岩质粗骨性山地灰褐土
			32. 石英砂岩质粗骨性山地灰褐土
			33. 砂页岩质粗骨性山地灰褐土
		19. 沟淤山地灰褐土	34. 薄层沟淤山地灰褐土
			35. 耕种沟淤山地灰褐土
			36. 耕种薄层沟淤山地灰褐土
			37. 耕种中层沟淤山地灰褐土
			38. 耕种深位厚沙砾石层沟淤山地灰褐土
		20. 耕种黑垆土型山地灰褐土	39. 耕种黑垆土型山地灰褐土
			40. 耕种埋藏黑垆土型山地灰褐土
			41. 耕种中层埋藏黑垆土型山地灰褐土
		21. 耕种坡积物山地灰褐土	42. 耕种五花坡积物山地灰褐土
		22. 耕种红黄土质山地灰褐土	43. 耕种红黄土质山地灰褐土
		23. 耕种黄土质山地灰褐土	44. 耕种黄土质山地灰褐土
			45. 耕种少砂姜黄土质山地灰褐土
	7. 灰褐土	24. 灰褐土	46. 灰褐土
	8. 灰褐土性土	25. 黄土质灰褐土性土	47. 黄土质灰褐土性土
			48. 薄层黄土质灰褐土性土
			49. 中层黄土质灰褐土性土
		26. 红黄土质灰褐土性土	50. 红黄土质灰褐土性土
			51. 少砂姜红黄质灰褐土性土
		27. 粗骨性灰褐土性土	52. 花岗片麻岩质粗骨性灰褐土性土
			53. 石英砂岩质粗骨性灰褐土性土
			54. 砂页岩质粗骨性灰褐土性土
			55. 石灰岩粗骨性灰褐土性土

（续）

土类	亚类	土　　属	土　　种
灰褐土	8. 灰褐土性土	28. 石灰岩质灰褐土性土	56. 薄层石灰岩质灰褐土性土
		29. 红土质灰褐土性土	57. 坡积红土质灰褐土性土
			58. 耕种红土质灰褐土性土
		30. 耕种黄土质灰褐土性土	59. 耕种黄土质灰褐土性土
			60. 耕种少砂姜黄土质灰褐土性土
		31. 耕种红黄土质灰褐土性土	61. 耕种红黄土质灰褐土性土
			62. 耕种少砂姜红黄土质灰褐土性土
		32. 耕种沟淤灰褐土性土	63. 耕种沟淤灰褐土性土
			64. 耕种五花沟淤灰褐土性土
			65. 耕种深位厚沙砾石层沟淤灰褐土性土
		33. 耕种黑垆土型灰褐土性土	66. 耕种黑垆土型灰褐土性土
			67. 耕种埋藏黑垆土型灰褐土性土
		34. 川黄土	68. 川黄土
			69. 中层川黄土
			70. 厚层川黄土
	9. 草甸化灰褐土	35. 潮灰褐土	71. 潮灰褐土
			72. 中层潮灰褐土
			73. 厚层潮灰褐土
	10. 灰竭潮土	36. 灰褐潮土	74. 灰褐潮土
草甸土	11. 浅色草甸土	37. 河沙土	75. 河沙土
			76. 砾石体河沙土
			77. 砾石地河沙土
		38. 潮土	78. 潮土
			79. 砾石体河砂土
			80. 沙砾石底潮土
		39. 堆垫潮土	81. 中层沙质堆垫潮土
			82. 中层壤质堆垫潮土
	12. 沼泽化浅色草甸土	40. 湿潮土	83. 湿潮土
			84. 沙质湿潮土
			85. 沙砾石体湿潮土
		41. 沼泽化草甸土	86. 壤质沼泽化草甸土
			87. 卵石体沼泽化草甸土

二、土壤类型特征及主要生产性能

（一）山地草甸土

山地草甸土分布于方山县的赫赫岩山的缓坡平台上，海拔为 2 500～2 700 米，面积为 500 亩，占总土地面积的 0.03%。

该土是在气候严寒、冬季漫长。雨量充沛、地面分布耐寒草甸植被、土壤中嫌气性微生物活跃的条件下形成的。这类土壤，地面有草墩子，表层有较厚的腐殖质层，呈团粒结构。由于受自然条件的影响，母岩冻结作用强烈，化学风化作用微弱，盐基释放少而淋溶作用强，除土壤表层受生物影响能保存较多的灰分外，土中吸收性复合体缺乏盐基而呈微酸反应。土壤通体含水量较高，心土以下产生滞水，在季节性变化下而产生氧化还原现象，出现微弱的铁锈斑纹。

山地草甸土分布于方山县东部的赫赫岩山山顶，海拔为 2 500～2 700 米，坡度小于 5°的缓坡平台上。是分布最高、面积最小的一类山地土壤。

1. 成土过程 山地草甸土是在季风区、山地高寒湿润气候和高寒草甸植被的生物气候条件下，依附于优越的地形条件而形成的一种半水成的山地土壤。

当地的生物气候特点是：冬长而冷，雪深冰厚；夏短而凉，多雨湿润。全年无霜期仅 85 天，土地在 5 月下旬才能解冻，但到 9 月上旬又进入冰冻期。极端最高气温只有 13℃，极端最低气温可达－40℃。年降水量 1 000 毫米左右，主要雨季在夏秋之交，曾有“天无三日晴”之说。由于气温低、降水多而蒸发少，一般月蒸发量小于 50 毫米。相对湿度高，尤以夏季为甚，可达 80%左右。与气候条件相适应，地面生长着茂密的苔草等耐寒草甸草本植物。土壤长期处于潮湿冰冷状态。土壤含水量达 60%左右，心土以下有滞水层。嫌气性细菌活动处于优势地位。

在上述特定的环境条件下，山地草甸土的成土过程有 4 个特点：一是地面生长草甸草本植被，形成土壤有机质丰富积累；二是由于降水较多，土壤淋溶作用很强；三是土壤常呈湿润状态，虽有氧化还原交替过程，但还原过程甚于氧化过程；四是气候严寒，导致母岩冻结作用强烈。结果是有机质分解缓慢，茂密的草本植物残体遗留于地表，形成较厚的有机质层，由于土壤冻融交替，地面出现了许多草墩子，成为山地草甸土地区的特有景观；化学作用微弱，盐基释放少，淋溶作用强，土壤中吸收性复合体缺乏盐基而呈微酸反应；心土层以下由于滞水而产生潴育作用，可以看到明显的锈纹锈斑。

2. 土壤特征 方山县的山地草甸土发育于花岗片麻岩残积物成土母质上，亚类、土属、土种只有 1 个。典型剖面特征如下：

剖面取自赫赫岩山顶南坡的缓坡平台上，海拔为 2 700 米，地面生长着茂密的苔草、莎草科、菊科等耐寒、耐湿的草本植物。

0～2 厘米：未分解或半分解的枯枝落叶层。

2～42 厘米：灰黑色，轻壤，团粒结构，植物根很多，6 厘米以上的根系呈盘结状，有少量的锈纹锈斑。

42～55 厘米：灰棕色，轻壤，多屑粒状结构，植物根少，锈纹锈斑较多，含有少量的岩石碎块。

55～75 厘米：浅灰棕色，沙壤，碎块状、鳞片状结构，植物根很少，坚实，岩石碎块较多。

75 厘米以下为基岩。

根据典型剖面分析，山地草甸土的形态特征有下述 3 点：

（1）土层深厚，质地沙壤至轻壤。

（2）表层约 6 厘米为植物残体堆积层，这层根系盘结，有机质大量积累，以下为腐殖质层，比较深厚，最厚可达 50 厘米，有机质含量一般大于 5%。

典型剖面理化性状分析结果见表 3-2。

表 3-2　山地草甸土的理化性状（1982 年普查数据）

深度（厘米）	质地	有机质（%）	全氮（%）	全磷（%）	pH
2～42	轻壤	5.48	0.179	0.092 5	6.7
42～55	轻壤	1.21	0.123	0.016 3	6.9
55～75	沙壤	1.12	0.110	0.046 3	7.0

（3）剖面中有铁锈斑纹，pH<7，呈微酸性反应。

山地草甸土地区是天然的夏季优良牧场，可抓住草地生长旺盛季节进行放牧，发展畜牧业。但是要防止超载放牧，可防草场退化。

（二）山地棕壤

山地棕壤是方山县重要的林区土壤，分布于西北、东北、东、东南部，海拔为 1 800 米以上的林区。

1. 成土过程　山地棕壤是在季风区、山地高寒湿润气候和针阔叶混交林以及相应的草灌植被的生物气候条件下发育而成的山地土壤。

本区域的生物气候特点是：夏季高温和多雨，冬季气候寒冷。无霜期 90 天左右。年降水量 750 毫米左右，最大可达 1 240 毫米。年降水日数>100 天，雨季集中在夏秋两季。空气湿润，多雾多霜。年平均气温 3℃左右，极端最高气温不超过 28℃，极端最低气温可达－32℃，在这样的气候条件下，林木和草灌生长旺盛，分布致密。主要树种有油松和华北落叶松，其次是桦树、山杨和柞树。草灌植被有白羊草、野菊花、野玫瑰等。土壤中嫌气性微生物十分活跃。

由于植被茂密，光照不足，空气湿润，大量的枯枝落叶和草本植被残体分解缓慢，大量积累，年复一年，长期停留在生物循环中。这层疏松的有机物拦截和蓄积了大量雨水，使土壤常年保持相当多的水分，盐基大部分被淋洗下去，就是在含有碳酸盐的母质上发育的棕壤，钙、镁、钠等有机化合物也都被淋洗，因而土壤呈中性或微酸性反应。土体中并有较明显的黏粒淋溶淀积层。

方山县的棕壤，根据其成土特点分为山地生草棕壤、山地棕壤、山地棕壤性土 3 个亚类。但它们有共同的形态特征：

（1）表层有 2～5 厘米厚的未分解和半分解的枯枝落叶层。

（2）枯枝落叶层下有腐殖质层，团粒结构疏松，该层厚度与林龄或草灌植被茂密程度有关。一般为 10～20 厘米，薄者<10 厘米，厚者可达 50 厘米。

（3）其下为浅灰棕或灰黑色的过渡层，半风化的母岩碎片较多。

（4）全剖面没有碳酸盐反应，土壤呈中性或微酸性反应，在心土和底土中可见到红棕色的胶膜。下面按亚类叙述。

2. 山地生草棕壤 方山县的生草棕壤面积不大，只有 25 433 亩，占棕壤面积的 10.3%。是早年森林植被破坏之后被草本植被迅速代替，在生草过程居优势的条件下发育的土壤。这类地区的主要植被是白羊草，其次是野菊花、羽茅、柴胡、铁秆蒿等；个别地方还有野玫瑰等小灌木零星分布。

由于草本植物生长茂密，土壤经常处于低温、潮湿状态，故嫌气细菌活动强烈，给有机质蓄积创造了极为有利的条件。加之植物残体年复一年的大量积累，就形成了较深厚的腐殖质层。

生草棕壤既保持了棕壤的主要形态特征，又有其独特的表现，这就是：表层为灰棕黑色，草皮层盘结紧密，腐殖质层较为深厚，且有较稳定的团粒结构。土壤通体无石灰反应，且有黏粒沉淀。

根据不同的母质类型，山地生草棕壤分 2 个土属、2 个土种。花岗片麻岩质山地生草棕壤土属，分布在旗盘山的上部和南阳山的北坡，土体深度均>60 厘米，1 个土种。这类土壤占生草棕壤的 2/3。砂页岩质山地生草棕壤土属，分布于旗盘山的下部，土体深度居于 30～60 厘米，1 个土种。这类土壤占生草棕壤的 1/3。

方山县的生草棕壤虽分 2 个土属、2 个土种，但它们之间的形态特征差异不大。现以厚层花岗片麻岩质山地生草棕壤这个土种的典型剖面，描述一下山地生草棕壤的形态特征。

典型剖面选自开府公社神堂沟大队，神堂沟岔以南偏东 2 250 米的地方。地形为山梁，海拔为 2 050 米。草本植物，剖面周围生长着柴胡。土壤母质为花岗片麻岩残积物，表层覆盖薄层黄土。

0～2 厘米：枯枝落叶层。

2～16 厘米：浅灰棕褐色的腐殖质层，质地轻壤，团粒结构，疏松多孔，植物根系盘结紧密。

16～35 厘米：灰棕褐色的腐殖质层，质地轻壤，屑粒、团粒结构，多植物根，湿润较紧，含有 5%的砾石。

35～45 厘米：棕灰色，质地为沙质轻壤，屑粒结构，土层坚实，有中量的植物根，含有 30%的砾石。

45～70 厘米：棕色，沙质轻壤，屑粒结构，有少量植物根，孔隙少而坚实，含有 60%的砾石各石块。

70 厘米以下：为花岗片麻岩基岩。

全剖面有机质含量较高，自下而上逐渐增多；酸碱度中性偏酸，pH 自下而上逐渐降低，见表 3-3。

表 3-3　生草棕壤的化学性质（1982 年普查数据）

深度（厘米）	有机质（%）	全氮（%）	全磷（%）	pH
2～16	8.87	0.358	0.089	6.7
16～35	5.68	0.324	0.078	6.8
35～45	0.90	0.054	0.070	7.0
45～70	1.00	0.064	0.050	7.0

方山县山地生草棕壤归纳起来具有下述形态特征：

土层厚度多为 50～70 厘米，质地轻壤。

表层为枯枝落叶层，以下为灰黑或灰棕黑色的草层皮，接着是深厚的腐殖质层，深度为 35～50 厘米，有机质含量多在 4%～9%。

腐殖质层为较稳定的团粒结构，心土层多为屑粒状结构，底土层为碎块状结构。

土壤通体无石灰反应，pH<7，呈微酸反应。有黏粒淀积现象。

山地生草棕壤是良好的山地牧场，应抓住草木生长季节进行放牧。要严禁垦殖，同时也要防止过度放牧，以防破坏植被，造成草场退化。

3. 山地棕壤　本亚类是山地棕壤的典型土壤，分布于落辉山、南阳山、运顶山、黑镇则石山、道回沟、骨脊山等地。海拔为 1 800 米以上的山地，面积为 218 526 亩，占山地棕壤总面积的 88.9%。方山县森林上限为 2 700 米，下限为 1 650 米。山地棕壤是针叶林或者针阔叶混交林植被下发育而成的重要的森林土壤。

山地棕壤根据其不同的母质类型和土体深度，划分为 3 个土属、5 个土种。花岗片麻岩质山地棕壤是其主要土属，面积为 209 127 亩，占山地棕壤亚类面积的 95.7%。下分 2 个土种：中层花岗片麻岩质山地棕壤为主要土种，面积为 134 400 亩，占本土属的 64.3%。主要分布于马坊镇杨家坪村、小岔洼村，圪洞镇郭家湾村，下昔乡①刘家岔村、阳湾村等地；厚层花岗片麻岩质山地棕壤的面积为 74 727 亩，占本土属的 35.7%。主要分布在南阳山、运顶山、黑镇则石山、道回沟和骨脊山一线的山巅。石英砂岩质山地棕壤土属的面积不大，只有 7 646 亩，占本亚类面积的 3.5%。下分薄层石英砂岩质山地棕壤和中层石英砂岩质山地棕壤 2 个土种。薄层的分布在方山乡小南阳村、下昔乡水泉湾村等地；中层的分布于落辉山一带。黄土质山地棕壤的面积更小，只有 1 753 亩，占本亚类面积的 0.8%。只有 1 个土种，叫中层黄土质山地棕壤。

方山县山地棕壤亚类的形态特征如下：

典型剖面选自马坊镇小岔洼村，低崖掌顶正南 600 米的地方。地形为坡地，海拔 2 280米。自然植被为华北落叶松，还有桦树和山杨树。土壤母质为花岗片麻岩残积物。

0～4 厘米：枯枝落叶层的。

4～13 厘米：灰棕褐色，土粒不均匀，未完全分解的有机质堆积物。质地轻壤，团粒、屑粒结构，根系很多，极为疏松多孔。

① 2013 年，方山县辖 4 镇 7 乡。4 年镇：圪洞镇、马坊镇、峪口镇、大武镇；7 个乡：开府乡、方山乡、广林地会乡、石站头乡、张家塔乡、下昔乡和店坪乡。

13～40 厘米：灰褐色的腐殖质层，质地中壤，团粒结构，疏松多孔，根系很多，淋溶与黏粒淀积明显，接近母岩处，在结构面上有发亮的胶膜。

40 厘米以下为半风化物质及花岗片麻岩母岩。

剖面通体湿润，表层容重为 0.9 克/立方厘米，其理化性状见表 3-4。

表 3-4　山地棕壤的理化性状（1982 年普查数据）

深度（厘米）	有机质（%）	全氮（%）	全磷（%）	pH	代换量（me/百克土）
4～13	6.73	0.307	0.074	6.8	21.56
13～40	0.39	0.023	0.065	7.0	13.44
深度（厘米）	机械组成（%）（粒径：毫米）				
	1～0.05	0.05～0.01	0.01～0.005	0.005～0.001	<0.001
4～13	49.2	30.6	5.4	3.4	11.4
13～40	36.2	29.5	6.0	11.2	17.1

方山县山地棕壤典型土壤的形态特征可归纳下述几点：

①土层厚度多在 30～80 厘米，个别地方 15～30 厘米。质地因母质而异，但多数为轻壤。

②表层有 2～5 厘米厚的枯枝落叶层，以下为未完全分解的有机质层。再以下为腐殖质层。腐殖质层厚度为 5～25 厘米，厚者可达 27 厘米。有机质含量一般为 4%～11%，高者可达 17%。

③腐殖质层为团粒结构，心土与底土层多为碎块状结构。

④土壤颜色以棕色为主，次色因母质而异。土体下部有铁锰胶膜。

⑤土体通常湿润，pH<7，无石灰反应，黏粒淋溶淀积明显。

山地棕壤典型亚类为天然的水源涵养林基地，应以育为主，严防乱砍滥伐，保持其生态平衡。

4. 山地棕壤性土　山地棕壤性土，发育于坡度较陡、植被不良的山地上，多数与山地棕壤呈复域分布，只有在马坊镇马坊湾村的南山上有成片分布，面积为 2 162 亩，占山地棕壤的 0.9%。

土壤侵蚀是本亚类的主要矛盾，由于矿质元素的流失大于下移，有机质和盐基物质不能积累；侵蚀大于淋溶，物理风化占据优势，从而抑制了土壤的发育。这类土壤一般土层浅薄，质地粗糙，表层含有大量的砾石碎屑，局部地方基岩裸露，养分含量很低，发育层次不明显。但也有例外，在成片棕壤地区，表层还是有枯枝落叶层和半分解的有机质层，土壤发育有比较明显的发育层次，但由于母岩风化晚而质地粗糙，并含有大量的砾石，母岩棕壤通常所特有的腐殖质层，因而养分含量不高。马坊镇马坊湾村的山环峁一带，就属于这种情况的山地棕壤性土。它与其他棕壤的特征一样，没有石灰反应。

方山县的山地棕壤性土只有 1 个土属、1 个土种，均为花岗片麻岩质山地棕壤性土。这类土壤应积极采取植树、种草措施，防止水土流失，促进土壤向好的方向发育。

(三) 灰褐土

灰褐土是方山县的地带性土壤，也是重要的农业土壤。广泛分布与方山县海拔1 000～1 940米的阶地、丘陵和山地上。

1. 黄土物质的影响 灰褐土的成土母质有花岗片麻岩、石英砂岩、砂页岩、石灰岩、黄土物质、保德红土和黑垆土7种类型，但以黄土物质为主，占母质类型的67.38%。具体见表3-5。

表3-5 灰褐土的母质类型（1982年普查数据）

母质类型		面积（亩）
	花岗片麻岩	295 330
	石英砂岩	101 011
	砂页岩	69 319
	石灰岩	1 232
黄土物质	马兰黄土	960 939
	离石黄土	14 237
	小计	975 176
	保德红土	2 000
	黑垆土	2 605
	合计	1 446 673

黄土为第四系陆相的特殊沉积物，河谷和沟谷地区出现坡积、洪积和冲积物等次生黄土。黄土由马兰黄土和离石黄土组成，而以马兰黄土覆盖面积最大，占黄土覆盖面积的98.5%，离石黄土只在侵蚀沟坡或侵蚀沟底出露。马兰黄土的厚度为10～20米，最厚着可达60米以上。

黄土的质地较为均一，其机械组成以粉沙粒为主，粒径0.05～0.001毫米的黏粒约占总量的50%上下，>0.05毫米的沙粒和<0.001毫米的黏粒，都在25%左右。离石黄土与马兰黄土相似，但黏粒含量高于马兰黄土。黄土疏松多孔，其总孔隙率在50%上下，以毛管空隙为主，在40%以上，非毛管空隙<10%，故其透水能力较差。见表3-6。

表3-6 黄土母质与其他母质的质地比较（1982年普查数据）

母质类型	机械组成（%）		
	沙粒（毫米）1～0.05	粉沙粒（毫米）0.05～0.001	黏粒（毫米）<0.001
花岗片麻岩（郭家湾）	63.4	25.1	11.5
石英砂岩（郭家湾）	45.7	38.6	15.7
砂页岩（高塔梁）	70.7	15.8	13.5
马兰黄土（郝家庄）	27.5	49.6	22.9
离石黄土（马坊湾）	19.4	56.3	24.3

黄土的化学性质是富含碳酸盐，并多集中于粉沙粒中。这次普查化验，碳酸盐含量均

>10%，而且是马兰黄土大于离石黄土。黄土中的有机质和氮、磷等可溶盐的含量都较少，有机质含量为 0.2%～0.4%，全氮含量为 0.03%左右，速效磷含量为 1.25 毫克/千克左右。

黄土母质的特点对土壤的形成与肥力状况有明显的影响：一是黄土土层深厚，质地均一，疏松多孔，具有较好的保水性与保肥性；二是黄土土性软绵，垂直节理，抗蚀力低，水土流失比较严重；三是黄土呈石灰反应，pH 为微碱性。

2. 成土过程 灰褐土是方山县的地带性土壤，其成土过程与当地的生物气候相吻合，它是在暖温带季风区半干旱气候和森林草原灌丛植被条件下发育而成的。方山县灰褐土分布地区的生物气候特点是：地势较高（海拔为 1 000～1 940 米），气候温和（年平均气温 4～9℃），降水偏少（年降水量 440～650 毫米），受大陆季风影响，气温的年平均日变幅大（年平均日差 12.9℃），蒸发量大于降水量（平均年蒸发量比降水量大 2.6 倍），土壤侵蚀严重，植被稀疏（除淋溶灰褐土地区外，植被盖度很低），多半是旱生型植物（白草、羽茅、醋柳等草灌植物和杨、桦、柞等木本植物），多风与干旱处于同一季节，土体中好气性微生物活跃。

在上述生物气候特点和黄土母质的影响下，灰褐土的成土过程有 3 个特点：

（1）矿质化过程大于腐殖质化过程：由于植被稀少，气候干燥，土壤疏松，通气良好，土体中的好气性微生物活动旺盛。于是，土壤有机质的转化，矿质化过程大于腐殖质化过程。土体中腐殖质积累很少，除淋溶灰褐土有较薄的腐殖质层外，其他类型的灰褐土，尤其是耕种土壤的层次构造，没有明显的“A_1”层。见表 3-7。

表 3-7 几种灰褐土的有机质分布情况（1982 年普查数据）

深度（厘米）	有机质（%）			
	自然土壤			耕种灰褐土性土
	淋溶灰褐土	山地灰褐土	灰褐土性土	
0～20	5.52	2.79	0.94	0.62
20～40	3.16	1.55	0.70	0.49
40～60	1.90	1.20	0.43	0.38
60～80	1.60	0.92	0.26	0.37
80～100	0.60	0.42	0.22	0.44

（2）淋溶作用、黏化作用和钙化过程都很微弱：由于灰褐土所处的地带是半干旱森林草原向干旱草原过渡地带，故土壤发育的淋溶作用、黏化作用和钙化作用都很微弱，除淋溶灰褐土有比较明显的黏粒和碳酸钙下移现象外，其余类型的灰褐土都没有明显的发育层次，只是在土体的中下部有零星的假菌丝体和点状钙化物。见表 3-8。

表 3-8 淋溶灰褐土与灰褐土黏化情况比较（1982 年普查数据）

土壤	地点	层次	pH	$CaCO_3$（%）	黏粒（%）
灰褐土	郝家庄	A	7.9～8.0	6.92～8.77	15.9～16.0
		B	8.2	10.69～10.76	16.0～22.0

（续）

土壤	地点	层次	pH	$CaCO_3$（%）	黏粒（%）
淋溶灰褐土	冯家庄	A	7.1	—	17.9
		B	7.35～7.4	0.796～0.92	19.3～19.7
		C	7.4	—	17.5

（3）化学风化十分微弱：灰褐土的化学风化作用是微弱的，从表3－9的化学分析结果看，其阳离子代换量不随游离碳酸钙的含量变化而变化，却与母质直接相关，上下层次间也无明显的变异。这说明灰褐土的化学风化很不彻底，主要是继承母质的特性。

表3－9　灰褐土的化学性质（1982年普查数据）

土壤	深度（厘米）	pH	$CaCO_3$（%）	有机质（%）	代换量（me/百克土）
淋溶灰褐土（冯家庄）	2～9	7.10	—	4.86	13.65
	9～23	7.35	0.92	1.03	12.66
	23～46	7.40	0.77	0.88	10.65
	46～63	7.40	1.00	0.49	3.57
山地灰褐土（郭家湾）	1～3	7.30	4.32	5.63	10.52
	3～23	7.70	11.54	1.26	9.39
	23～35	7.90	12.07	0.51	9.13
	35～80	7.90	11.69	0.37	8.63
灰褐土性土（阳峁）	0～28	8.10	11.21	0.57	6.12
	28～57	8.10	11.17	0.50	5.90
	57～110	8.20	11.64	0.32	5.61

3个特点说明一个问题，就是灰褐土的土体发育微弱，除淋溶灰褐土和山地灰褐土的自然土壤有较薄的腐殖质层外，其余类型的灰褐土根本没有特殊明显的诊断层次，全剖面的颜色、结构等均没有大的差异。土体上下均匀一致，就是灰褐土土体发育微弱的基本特征。从宏观角度观察，灰褐土实质上是褐土向栗钙土或者灰钙土的过渡类型。

3. 旱耕熟化作用　土壤熟化过程是人类定向培育土壤肥力的过程。通过耕作和施肥等措施，使土壤肥力朝着有利于农作物生长发育的方向发张，并不断提高土壤肥力，满足农作物高产稳产的需要。

前面已经叙述，灰褐土由于母质和生物气候条件的影响，有土层深厚、疏松多孔、保水保肥、易于耕作等优点，但也有水土流失严重、土壤肥力不高等缺点。广大农民在长期的农业生产实践中，总结出了修筑梯田、深耕深翻、施用农肥、轮作倒茬等熟化土壤的经验，与水土流失和肥力低下进行坚持不懈地斗争。

灰褐土绝大部分分布在坡梁峁上，谷底分布比重很小。因此，耕作的灰褐土绝大部分是旱地。修筑梯田是旱耕熟化的重要手段。实践证明，梯田比坡地不仅改变了土地形态，防止了水土流失，同时加深了耕作层，提高了土壤肥力。表3－10的对比材料看得很明显，梯田比坡地的耕作层深 3～5 厘米，有机质含量高 5%左右，全氮高 25%，速效磷高 1 倍以上。

峪口镇圪针湾村，有 9 302 亩坡耕地，全部为灰褐土性土。合作化以来，将 3 101 亩修筑了梯田，耕作层由原来的 12 厘米，增加到 16 厘米。由于耕作层加厚，提高了蓄水保肥能力，调节了地温，促进了有机质的矿质化转化及团粒结构的形成，土壤养分逐年提高。据 1980 年实际产量分析，梯田亩产粮食 110 千克，坡地亩产粮食 75 千克，两者相差 46%。

梯田、坡地肥力状况比较见表 3 - 10。

表 3 - 10　梯田、坡地肥力状况比较（1982 年普查数据）

地别	地点	耕作层（厘米）	有机质（%）	全氮（%）	速效磷（毫克/千克）
梯田	袁家甲脑畔	18	0.74	0.051	11.1
梯田	幸福村走马梁	19	0.73	0.049	6.0
坡地	周家山卢则峁	13	0.71	0.043	3.9
坡地	吴城局红花身	16	0.60	0.038	1.3

灰褐土根据其生物气候、地形部位、人为利用情况的不同，以及土类之间的过渡类型而产生的土壤发育的不同分段，划分为淋溶灰褐土、山地灰褐土、灰褐土、灰褐土性土、草甸土化灰褐土和灰褐潮土 6 个亚类。以下按亚类叙述。

4. 淋溶灰褐土　淋溶灰褐土分布在方山县北部和东部，海拔为 1 650～1 940 米的土石山区和黄土残丘背阴处，上部与棕壤紧紧衔接，下部向山地灰褐土过渡。一般阴坡出现较低（1 650 米），阳坡出现较高（1 750 米），棋盘山区则出现在海拔为 1 800 米的高处。

淋溶灰褐土所处地势较高，因而气温较低，降水较多，植被覆盖较好。年平均气温 4～5℃，年平均降水 600～750 毫米，无霜期小于 100 天。生长的植物主要有油松、杨、桦、柞、山桃、山杏、醋柳、黄刺玫等。除棋盘山一带为草灌荒山外，绝大多数地区为针叶林、阔叶林和针阔叶混交林，盖度率多在 70%以上。目前全为自然土壤，没有垦殖。

由于植被较好，降水较多，雨水基本上滴水入土，因而土体湿润，淋溶较强，有黏粒下移现象。石灰反应依母质而异，除黄土母质外，大都没有石灰反应。土壤微生物以好气性细菌为主，因而有机质积累不多。地表有 1～3 厘米的枯枝落叶层，以下为 3～6 厘米的腐殖质层，颜色灰褐。表土层为不稳定的团粒结构，心土层为块状、粒状或碎块状结构。土体厚度多在 40 厘米左右，厚薄的变化受母质类型的影响。

淋溶灰褐土面积为 279 100 亩，占灰褐土总面积的 19.3%，是方山县重要的林区土壤。根据母质类型不同，分为花岗片麻岩质淋溶灰褐土、石英砂岩质淋溶灰褐土、砂页岩质淋溶灰褐土、黄土质淋溶灰褐土、红黄土质淋溶灰褐土 5 个土属。以下分述不同土属的投入形态特征：

（1）花岗片麻岩淋溶灰褐土：花岗片麻岩淋溶灰褐土主要分布与棋盘山、黑镇则石山、真武山、骨脊山和南天门等地，面积为 122 060 亩，占淋溶灰褐土面积的 43.7%。根据土体厚度，分薄层和中层 2 个土种，中层花岗片麻岩质淋溶灰褐土占 98.9%，为主要土种。

现以中层花岗片麻岩淋溶灰褐土土种为例，叙述一下花岗片麻岩质淋溶灰褐土土属的形态特征。

典型剖面选自圪洞镇郭家湾村，烧炉山顶北偏西45°约200米的地方。海拔为1 700米。自然植被为华北落叶松、柞树和荆条。投入母质为花岗片麻岩残积物。

0～2厘米：枯枝落叶层。

2～12厘米：浅灰棕褐色的腐殖质层，质地轻壤，团粒结构，疏松多孔，土体湿润，多植物根。

12～24厘米：浅灰棕色，沙土，屑粒团粒结构，稍紧多孔，土体湿润，多植物根，有明显的黏粒下移现象。

24～48厘米：灰棕色，质地轻壤，屑粒结构，土体紧实，湿润，多植物根。

48～59厘米：浅灰棕褐色，质地轻壤，块状结构，土体紧实，湿润，有中量植物根。

59厘米以下：为母岩。

剖面理化性状分析见表3-11。

表3-11　花岗片麻岩质淋溶灰褐土的理化性状（1982年普查数据）

深度（厘米）	有机质（%）	全氮（%）	全磷（%）	pH	碳酸钙（%）	代换量（me/百克土）
2～12	12.62	0.604	0.077	7.0	—	27.21
12～24	8.63	0.378	0.073	7.1	—	25.30
24～48	3.72	0.163	0.060	7.2	—	14.17
48～59	1.28	0.111	0.057	7.3	—	10.12

深度（厘米）	机械组成（%）（粒径：毫米）				
	1～0.05	0.05～0.01	0.01～0.005	0.005～0.001	<0.001
2～12	30.8	47.1	1.1	6.2	14.8
12～24	39.0	43.3	7.1	0.6	10.0
24～48	46.9	26.2	5.9	4.0	17.0
48～59	63.4	14.5	4.8	5.9	11.4

方山县花岗片麻岩质淋溶灰褐土的形态特征可归纳为下述4点：

①土体深度中等，多数为33～39厘米，少数为28～30厘米。质地沙壤至轻壤。

②有较薄的腐殖质层，在1～2厘米的枯枝落叶层下，厚度为10厘米左右，有机质含量为5%～12%。

③有不稳定的团粒结构，心土一般为屑粒或碎块状结构，底土多为块状结构。

④有明显的淋溶现象。在淋溶作用影响下，有黏粒和碳酸钙下移现象，土层深厚者可以看到不明显的黏粒淀积层。但也有通体无石灰反应的。

（2）石英砂岩质淋溶灰褐土：石英砂岩质淋溶灰褐土分布于旗盘山、关帝山、龙虎石盖和红眼山等地，面积为96 468亩，占淋溶灰褐土亚类的34.56%。根据土体厚度不同，分为薄层石英砂岩质淋溶灰褐土、中层石英砂岩质淋溶灰褐土、厚层石英砂岩质淋溶灰褐土3个土种。3个土种的面积比例如下：

薄层石英砂岩质淋溶灰褐土：30 180亩，占31.3%。

中层石英砂岩质淋溶灰褐土：52 158亩，占54.1%。

厚层石英砂岩质淋溶灰褐土：14 130亩，占14.6%。

石英砂岩质淋溶灰褐土的形态特征同花岗片麻岩质淋溶灰褐土十分相似。

①表层有1～5厘米的枯枝落叶层。本层的厚度因植被而异，草灌荒坡较薄，一般为1厘米；针阔叶林较厚，为2～5厘米。林区又是林龄小的较薄，2～3厘米；林龄大的较厚，3～5厘米。

②枯枝落叶层以下有腐殖质层。腐殖质层的厚度同样受植被的影响，一般草灌荒坡较薄，5厘米左右；针阔叶林较厚，10～15厘米。见表3-12。

表3-12　石英砂岩质淋溶灰褐土的化学性质（1982年普查数据）

土种	地点	植被	深度（厘米）	有机质（%）	全氮（%）	全磷（%）	pH	代换量（me/百克土）
薄层	冯家庄	油松	2～4	9.95	0.431	0.107	7.1	
			4～9	6.12	0.295	0.067	7.2	
			9～20	2.43	0.122	0.050	7.1	
中层	温家庄	醋柳	1～4	5.81	0.331	0.079	7.2	
			4～15	4.08	0.234	0.060	7.3	
			15～32	3.06	0.156	0.039	7.4	
厚层	郭家湾	杨树	2～15	8.27	0.398	0.084	7.1	23.76
			15～30	6.92	0.355	0.090	7.1	22.74
			30～60	5.75	0.278	0.024	7.1	18.71
			60～72	5.62	0.227	0.095	7.2	71.19

③上层同腐殖质层相应的部位中，有不稳定的团粒结构。有些土壤含有砾石，如红眼山南坡的厚层石英砂岩质淋溶灰褐土的典型剖面中，有2%～5%的砾石含量。宝塔山的中层石英砂岩质淋溶灰褐土典型剖面中，则在底土层含有25%的砾石。

④淋溶现象十分明显，表3-13可以看出明显的黏粒下移现象。这个土属一般没有石灰反应。

表3-13　石英砂岩质淋溶灰褐土的物理性质（1982年普查数据）

深度（厘米）	机械组成（%）（粒径：毫米）				
	1～0.05	0.05～0.01	0.01～0.005	0.005～0.001	<0.001
2～15	64.3	14.6	5.9	5.3	9.9
15～30	50.1	30.5	2.3	5.2	11.9
30～60	44.3	31.1	5.5	5.3	13.8
60～72	45.7	28.4	3.2	7.0	15.7

表3-13典型剖面为厚层石英砂岩质淋溶灰褐土土种，选自圪洞镇郭家湾村红眼山南

坡上。海拔 1 800 米。自然植被为杨树。母质为石英砂岩残积物。全剖面无石灰反应。石英砂岩质淋溶灰褐土中黏粒下移情况，也是根据这个典型剖面的资料。

（3）砂页岩质淋溶灰褐土：砂页岩质淋溶灰褐土主要分布在方山县西北部的落辉山、旧砂沟岩和白家圪台一带，宝塔山山麓也有少量分布。面积为 48 856 亩，占淋溶灰褐土亚类面积的 17.5%。除宝塔山为草灌荒坡外，大部分是针阔叶混交林林区。根据其土层厚度分为 3 个土种：

薄层砂页岩质淋溶灰褐土一般分布较高，海拔为 1 750～1 900 米的山上。面积为 28 821亩，占 59%。主要植被为杨、桦及柞树。

中层砂页岩质淋溶灰褐土分布居中，分布在海拔 1 700 米左右的山坡上。面积为 15 853亩，占 32.4%。主要植被为山杨、油松及山杏。

厚层砂页岩质淋溶灰褐土分布较低，多在 1 650 米左右的山麓分布。面积较小，仅 1 482亩，占 8.6%。主要树种为油松、山杨和柞树，生长比较繁茂。

3 个土种除土层厚度不同外，形态特征差异不大。现以厚层砂页岩质淋溶灰褐土土种为例加以叙述。

典型剖面采自麻地会乡架梁村楼楼山上，海拔为 1 680 米。自然植被为油松及柞树。土壤母质为砂页岩残积坡积物。

0～1 厘米：枯枝落叶层。

1～2 厘米：暗灰褐色的分解和半分解的有机质堆积层。质地轻壤，团粒结构，疏松多孔，土体湿润，多植物根。

2～16 厘米：暗灰褐色的腐殖质层，质地轻壤，团粒结构，疏松多孔，土体湿润，多植物根。

16～62 厘米：灰棕褐色，质地轻壤，屑粒结构，土体稍紧而湿润，根系较多，有微弱的石灰反应。

62 厘米以下：为砂页岩母质。

剖面的化学性质见表 3-14。

表 3-14 砂页岩质淋溶灰褐土的化学性质（1982 年普查数据）

深度（厘米）	有机质（%）	全氮（%）	全磷（%）	pH
1～2	8.5	0.339	0.079	7.3
2～16	3.42	0.156	0.072	7.3
16～62	3.05	0.172	0.073	7.4

（4）黄土质淋溶灰褐土：黄土质淋溶灰褐土分布于落辉山、宝塔山和龙虎石盖南坡上，面积为 11 333 亩，占淋溶灰褐土亚类面积的 4.1%。自然植被大部分为草灌荒坡，落辉山和龙虎石盖分布着一些阔叶林。此土属分 2 个土种：中层黄土质淋溶灰褐土为 10 553 亩，占 93.1%；厚层黄土质淋溶灰褐土为 780 亩，占 6.9%。

黄土质淋溶灰褐土的显著特征是淋溶现象明显。现用龙虎石盖南坡的厚层黄土质淋溶灰褐土土种的典型剖面加以叙述。

典型剖面选自麻地会乡冯家庄村，大阳沟的坡上，海拔为 1 750 米。自然植被为杨桦树。

0～2 厘米：枯枝落叶层。

2～9 厘米：浅灰黑褐色的腐殖质层，质地轻壤，团粒结构，疏松多孔，土体湿润，多植物根。

9～23 厘米：灰褐色，质地轻壤，团粒、屑粒结构，疏松多孔，土体湿润，多植物根。

23～46 厘米：灰棕褐色，质地轻壤，团粒、屑粒结构，土体较紧，湿润，有假菌丝体，多植物根。

46～63 厘米：灰棕褐色，质地轻壤，团粒、屑粒结构，土体紧实，湿润，有假菌丝体，多植物根。

63 厘米以下：为石英砂岩质基岩。

典型剖面的理化性状分析结果见表 3-15。

表 3-15　黄土质淋溶灰褐土的理化性状（1982 年普查数据）

深度（厘米）	有机质（%）	全氮（%）	全磷（%）	pH	碳酸钙（%）	代换量（me/百克土）
2～9	4.36	0.195	0.055	7.1	—	13.65
9～23	1.03	0.068	0.057	7.3	0.92	12.66
23～46	0.84	9.057	0.054	7.4	0.77	10.65
46～63	0.49	0.034	0.070	7.4	1.00	3.57

深度（厘米）	机械组成（%）（粒径：毫米）				
	1～0.05	0.05～0.01	0.01～0.005	0.005～0.001	<0.001
2～9	36.5	36.0	6.9	2.7	17.9
9～23	27.3	46.2	2.2	4.6	19.7
23～46	24.9	47.6	4.4	3.8	19.3
46～63	29.4	44.4	3.5	5.2	17.5

看表 3-15 数据，黄土质淋溶灰褐土在淋溶作用下，碳酸钙和黏粒都进行下移淀积，形成表土没有石灰反应的淋溶层，土体中部则成为黏粒淀积层。

（5）红黄土质淋溶灰褐土：红黄土质淋溶灰褐土在淋溶灰褐土亚类中面积最小，只在马坊镇马坊湾村的门耳岔分布的 1 个土属。面积为 383 亩，占淋溶灰褐土亚类面积的 0.1%。海拔为 1 902 米。自然植被为草灌荒坡，生长着黄刺玫和黄蒿等植物。其实，红黄土质并没有出露，被埋藏在 56 厘米以下的土体深处，但土层很厚，达 49 厘米。因此，土种名称被命名为深位厚红黄土质淋溶灰褐土。该土种由于分布位置高，雨多湿润，故淋溶比较充分，土壤通体没有石灰反应。

典型剖面描述如下：

0～2 厘米：枯枝落叶层。

2～21 厘米：灰褐色，质地轻壤，屑粒、团粒结构，较紧多孔，土体稍润，多植物根。

21～57 厘米：浅灰褐色，质地轻壤，块状粒结构，土体紧实，湿润，有中量植物根。

57～106 厘米：褐棕色的红黄土层，质地中壤，块状结构，土体紧实，湿润，有少量植物根和 5%的砾石。

106 厘米以下：为花岗片麻岩质基岩。

典型剖面的理化性状分析见表 3-16。

表 3-16　红黄土质淋溶灰褐土的理化性状（1982 年普查数据）

深度（厘米）	有机质（%）	全氮（%）	全磷（%）	pH	碳酸钙（%）	代换量（me/百克土）
2～21	4.77	0.034	0.057	7.0	—	18.20
21～57	0.94	0.289	0.070	7.3	—	12.63
57～106	0.60	0.055	0.032	7.2	—	18.72

深度（厘米）	机械组成（%）（粒径：毫米）				
	1～0.05	0.05～0.01	0.01～0.005	0.005～0.001	<0.001
2～21	30.3	40.8	6.6	11.2	11.1
21～57	21.4	48.6	7.7	10.4	11.9
57～106	19.4	39.2	11.0	6.1	24.3

方山县得到淋溶灰褐土区域，同样式重要的林业基地。对现有林地要认真地加以抚育和管护，严禁乱砍滥伐。对未成林的荒山荒坡要有计划地封山育林。尤其要营造好华北落叶松等速生针叶林，加快林业建设的步伐。

5. 山地灰褐土　山地灰褐土是山地垂直分布的基带土壤，优势方山县灰褐土土类中面积最大的一个亚类。分布于北部和东部海拔 1 400～1 700 米的广大中低山地带，最高分布达到 1 800 米，与淋溶灰褐土交叉分布。面积 665 028 亩，占灰褐土土类面积的 46%。

山地灰褐土所处地理位置仍属高寒地带，气温较低，雨量较多，夏季短暂，冬季漫长。年平均气温 5～6℃，年平均降水量 600 毫米左右。主要自然植被为灌丛草本植物，并零星分布着一些幼小林木。草灌以醋柳、黄刺玫、胡枝子、羽茅、白羊草、狗尾草等为主，林木以杨、桦、柳、山杏等为主。覆盖度 0.5～0.7 土壤母质主要是黄土物质，并有花岗片麻岩、石英砂岩、砂页岩等多种母质类型。由于生物气候以及母质与地形的影响，深度灰褐土具有 4 个明显的形态特征：一是有不同程度的弱腐殖质化现象；二是碳酸钙移动明显，全剖面呈石灰反应，心土层有假菌丝体和粒状碳酸钙结核；三是投入肥力一般较高，有机质含量在 1%以上；四是植被覆盖度较差，侵蚀严重的地带有粗骨性土壤。

根据母质类型、发育程度、土层厚度和利用状况，该亚类划分为 11 个土属、25 个土种。其中，6 个土属、13 个土种为自然土壤；4 个土属、7 个土种为耕种土壤；1 个土属，1 个土种为自然土壤，另 4 个土种为耕种土壤。总之，自然土壤共 11 个土种，面积 168 420亩，占 25.33%，是开府、马坊、方山 3 个乡（镇）的主要农业土壤。以下按自然土壤和耕种土壤、土属和土种，分别叙述土壤的形态特征。

（1）自然土壤：

①花岗片麻岩质山地灰褐土。花岗片麻岩质山地灰褐土主要分布于烧炉山、石虎山周围和油房沟、成世番沟、阳湾沟、段家坪沟的山坡上部，面积为 139 540 亩，占山地灰褐土亚类的 20.98%。这个土属主要发育于花岗片麻岩残积坡积物上，根据其土体厚度划分为薄层花岗片麻岩质山地灰褐土、中层花岗片麻岩质山地灰褐土、厚层花岗片麻岩质山地灰褐土，3 个土种：

薄层花岗片麻岩质山地灰褐土：52 631 亩，占 37.7%。

中层花岗片麻岩质山地灰褐土：53 100 亩，占 38.1%。

厚层花岗片麻岩质山地灰褐土：33 809 亩，占 24.2%。

3 个土种除土体厚度不同外，其形态特征相似，现以中层花岗片麻岩质山地灰褐土土种为例加以叙述。

典型剖面采自下昔乡成世番村正东一里元的六庙阳坡上，海拔为 1 590 米。土壤母质为花岗片麻岩残积坡积物。自然植被为铁秆蒿、山杏、黄刺玫等。

0～1 厘米：草皮层。

1～21 厘米：深灰棕色的弱腐殖质层，质地沙壤，团粒、屑粒结构，土体紧实，多植物根，有石灰反应，并有少量砾石。

21～35 厘米：深灰棕色，质地沙壤，碎块状结构，土体紧实，多植物根，石灰反应较强，含有多量砾石。

35～50 厘米：岩石的风化雨半风化物。

50 厘米以下：为花岗片麻岩基岩。

剖面的化验分析结果见表 3 - 17。

表 3 - 17　花岗片麻岩质山地灰褐土的化学性质（1982 年普查数据）

深度（厘米）	有机质（%）	全氮（%）	全磷（%）	pH
1～21	2.80	0.160	0.053	7.5
21～35	1.15	0.062	0.040	7.9

②石英砂岩质山地灰褐土。石英砂岩质山地灰褐土分布于开府乡陈家湾村、下昔乡西岭村的山坡上，面积为 659 亩，占山地灰褐土亚类面积的 0.1%。土体很薄，仅 12～15 厘米。海拔为 1 500 米左右。自然植被为草灌荒坡，生长着黄刺玫、荆条、白羊草等草灌植物。由于坡度较陡、侵蚀较重，土种名称为薄层石英砂岩质山地灰褐土。现以陈家湾村燕梁上所采的剖面叙述其形态特征。

0～1 厘米：草皮层。

1～9 厘米：深褐色，质地轻壤，屑粒结构，土体较紧，稍润，多植物根，石灰反应较强。

9～15 厘米：灰棕褐色，质地沙壤，碎块状结构，土体较紧，稍润，多植物根，石灰反应较强。

15～26 厘米：岩石的半风化物，石灰反应强烈。

26 厘米以下：为石英砂岩基岩。

剖面的化学分析结果见表 3 - 18。

表 3-18　石英砂岩质灰褐土的化学性质（1982 年普查数据）

深度（厘米）	有机质（%）	全氮（%）	全磷（%）	pH	代换量（me/百克土）
1～9	1.97	0.115	0.067	7.5	12.67
9～15	1.80	0.116	0.057	7.5	12.17

③砂页岩质山地灰褐土。砂页岩质山地灰褐土分布于麻地会乡石湾村，圪洞镇津良庄村的西山上部和下昔乡高塔梁村的山坡上，面积为 8 451 亩，占山地灰褐土亚类面积的 12.7%。根据其土体厚度划分为 2 个土种：薄层砂页岩质山地灰褐土面积较大，为 7811 亩，占 92.4%；中层砂页岩质山地灰褐土仅在高塔梁大队有少量分布，面积为 640 亩，占 7.6%。2 个土种的形态特征类似，现以薄层土种加以叙述。

典型剖面选自圪洞镇津良庄村的抛驴洼，海拔为 1 550 米，坡度较陡，侵蚀较重。母质为砂页岩残积坡积物。自然植被为醋柳、荆条等草灌植物。

0～1 厘米：草皮层。

1～15 厘米：灰褐色，质地沙壤，屑粒结构，土体稍紧，多植物根，石灰反应较强，有少量沙砾石。

15～27 厘米：灰褐色，质地沙壤，屑粒结构，土体紧实，少植物根，石灰反应较强。

27～40 厘米：母岩的风化和半风化物。

40 厘米以下：为砂页岩母岩。

砂页岩质山地灰褐土的理化性状见表 3-19。

表 3-19　砂页岩质山地灰褐土的理化性状（1982 年普查数据）

土种	地点	深度（厘米）	有机质（%）	全氮（%）	全磷（%）	pH	碳酸钙（%）	代换量（me/百克土）
薄层	津良庄	1～15	2.44	0.122	0.052	7.6	—	
		15～27	1.59	0.077	0.053	7.6		
中层	高塔梁	5～20	2.21	0.144	0.051	7.6	3.88	7.62
		20～43	1.81	0.101	0.032	7.6	1.16	11.15
		43～60	1.47	0.070	0.036	7.6	24.06	6.11

土种	地点	深度（厘米）	机械组成（%）（粒径：毫米）				
			1～0.05	0.05～0.01	0.01～0.005	0.005～0.001	<0.001
中层	高塔梁	5～20	51.0	28.8	3.1	6.8	10.3
		20～43	73.3	8.5	1.5	4.8	11.9
		43～60	70.7	4.2	2.8	8.8	13.5

④石灰岩山地灰褐土。石灰岩山地灰褐土只有大武乡白家咀村上山一地分布，面积为 515 亩，占山地灰褐土亚类农技的 0.1%。海拔为 1 440 米。自然植被为醋柳等灌木丛类。土壤颜色为灰褐色，石灰反应较强。土体深度为 20 厘米，因此，土种被命名为薄层石灰岩质山地灰褐土。

上述 4 个土属、7 个土种的形态特征有共同之处，归纳起来有下述 4 点：

a. 土层较薄，多数为 15～60 厘米，质地沙壤—轻壤。

b. 表层有1～5厘米的草皮层，以下为10～20厘米的弱腐殖质层，薄层土壤不明显，有机质含量多在2%左右。

c. 表土层为屑粒状结构，间有少许团粒结构，心土层一般为块状结构，含有少量的砾石或石块。

d. 全剖面呈石灰反应，但一般见不到假菌丝体和碳酸钙结核。

⑤黄土质山地灰褐土。黄土质山地灰褐土分布于开府、马坊、方山、麻地会的乡（镇）的东西两山，圪洞镇山胜村附近及白虎山周围，面积为317 298亩，占山地灰褐土亚类的47.7%。根据其土层厚度，划分为下述3个土种：

黄土质山地灰褐土，312 727亩，占98.6%。

薄层黄土质山地灰褐土，1 220亩，占0.4%。

中层黄土质山地灰褐土，3 351亩，占1%。

3个土种除土层厚度不同外，形态特征很相似，现以黄土质山地灰褐土土种为例加以叙述。

典型剖面采自圪洞镇郭家湾村，烧炉山北偏西57°，距山顶1 200米的山坡上，海拔1 500米。自然植被为柞树丛、黄刺玫和白羊草等草灌植物。剖面通体为黄土母质。

0～1厘米：草皮层。

1～3厘米：浅灰黑色的分解、半分解有机质堆积物，团粒结构，特别疏松，土体湿润，多植物根。

3～23厘米：灰褐色的弱腐殖质层，屑粒结构，土体较紧，湿润，质地轻壤，多假菌丝体，有中量植物根。

23～35厘米：灰棕色，质地轻壤，块状结构，土体紧实，湿润，多假菌丝体，有少量植物根。

35～80厘米：灰棕色，质地轻壤，块状结构，土体紧实，湿润，有少量植物根。

80～150厘米：同上层。

剖面的理化性状分析结果见表3-20。

表3-20 黄土质山地灰褐土的理化性状（1982年普查数据）

深度（厘米）	有机质（%）	全氮（%）	全磷（%）	pH	碳酸钙（%）	代换量（me/百克土）
1～3	5.63	0.272	0.061	7.3	4.32	27.52
3～23	1.26	0.072	0.055	7.7	11.54	9.39
23～35	0.51	0.028	0.044	7.9	12.07	9.13
35～80	0.37	0.026	0.029	7.9	11.69	8.63
80～150	0.42	0.020	0.053	7.9	11.81	7.62

深度（厘米）	机械组成（%）（粒径：毫米）				
	1～0.05	0.05～0.01	0.01～0.005	0.005～0.001	<0.001
1～3	55.9	28.2	0.7	3.3	11.9
3～23	31.3	43.5	2.0	5.0	18.2

（续）

深度（厘米）	机械组成（%）（粒径：毫米）				
	1～0.05	0.05～0.01	0.01～0.005	0.005～0.001	<0.001
23～35	27.3	48.4	3.3	3.5	17.5
35～80	21.4	52.1	3.8	7.0	15.7
80～150	21.7	53.6	3.5	3.3	17.9

以上5个土属、10个土种，面积为466 463亩草灌荒山，是山地灰褐土自然土壤林牧业最有前途的地区。应严禁盲目垦殖，防止破坏自然植被而造成水土流失。要本着阴坡造林、阳坡放牧，远水造林，进水放牧等原则，进行林木区域的合理规划，并积极发展。

⑥粗骨性山地灰褐土。粗骨性山地灰褐土是基岩山区，侵蚀严重，岩石裸露，土层极薄，土壤发育很差，土体中的半风化岩石碎屑大于30%的土壤。主要分布于宝塔山、北岔山、红眼山及高家岔。刘家坡、长条沟等地，面积为29 629亩，占山地灰褐土亚类面积的4.5%。

根据其岩石类型不同，分为3个土种：

花岗片麻岩质粗骨性山地灰褐土，分布于宝塔山、红眼山及高家岔、杜家沟、刘家坡等地，面积为27 137亩，占91.6%。

石英砂岩质粗骨性山地灰褐土，分布于宝塔山、北岔山等地，面积为473亩，占1.6%。

砂页岩质粗骨性山地灰褐土，分布于王家湾一带，面积为2019亩，占6.8%。

⑦沟淤山地灰褐土。沟淤山地灰褐土大部分为农业土壤，自然土壤只有1个土种，即薄层沟淤山地灰褐土。分布于南阳沟水库附近，面积为516亩，占山地灰褐土亚类面积的0.1%。这个土种土层很薄，只有12厘米，以下便是卵石层。生长着黄蒿、醋柳等植被。水库蓄满水，其大部分会被淹没。

以上2个土属、4个土种，目前基本上不能被农、林、牧业所利用。

（2）耕种土壤：

①沟淤山地灰褐土。沟淤山地灰褐土土属中，耕种土壤有4个土种，面积为21 736亩，占本土属的97.7%，占山地灰褐土亚类的32.7%。分布于开府乡、马坊镇、方山乡、麻地会乡、下昔乡和圪洞镇的主要沟道中。母质黄土为黄土洪积冲积物。根据淤积层的厚度划分为4个土种：

耕种沟淤山地灰褐土，土层厚度大于100厘米，面积为6 154亩，占28.3%。

耕种深位厚沙砾石层沟淤山地灰褐土：土层厚度为60～100厘米，面积为3 982亩，占18.3%。

耕种中层沟淤山地灰褐土：土层厚度为30～60厘米，面积为10 848亩，占49.9%。

耕种薄层沟淤山地灰褐土：土层厚度大于30厘米，面积为752亩，占3.5%。

沟淤山地灰褐土耕种土壤的形态特征可归纳下述4点：

a. 土层厚度为20～115厘米，大于30厘米的占多数。质地沙壤—轻壤，多数为沙质轻壤，土性绵软，疏松易耕。沟淤山地灰褐土的物理性状见表3-21。

表 3-21 沟淤山地灰褐土的物理性质（1982 年普查数据）

土种代号	地点	深度（厘米）	机械组成（%）（粒径：毫米）				
			1～0.05	0.05～0.01	0.01～0.005	0.005～0.001	<0.001
35	同堡	0～3	29.4	48.3	4.3	4.0	14.0
		13～34	34.7	44.4	2.5	5.9	12.5
		34～57	34.8	44.6	4.4	4.8	11.4
		57～80	35.1	44.7	4.3	4.5	11.4
		80～115	77.4	12.6	1.9	2.6	5.5

b. 表土层皆为屑粒状结构，心土层以下为碎块状或块状结构，底部为沙、砾石、卵石层。保水保肥性能：耕种沟淤山地灰褐土＞耕种深位厚沙砾石层沟淤山地灰褐土＞耕种中层沟淤山地灰褐土＞耕种薄层沟淤山地灰褐土。

c. 由于母质和耕种措施的影响，土壤养分一般比较丰富。有机质含量为 7‰～10‰，全氮为＞5‰，全磷多数＞6‰，而且大都是表土层高于心土层，因而是较好的农业土壤。沟淤山地灰褐土的化学性质见表 3-22。

表 3-22 沟淤山地灰褐土的化学性质（1982 年普查数据）

土种代号	地点	深度（厘米）	有机质（%）	全氮（%）	全磷（%）		pH	碳酸钙（%）	代换量（me/百克土）
					P	P_2O_5			
35	同堡	0～13	0.94	0.057	0.060	0.142	7.7	4.23	6.93
		13～34	0.56	0.037	0.060	0.137	7.6	5.46	2.59
		34～57	0.60	0.036	0.058	0.133	7.7	4.85	5.62
		57～80	0.50	0.037	0.062	0.142	7.7	4.38	5.12
		80～115	0.39	0.026	0.056	0.128	7.6	1.70	4.09
38	辉回	10～15	0.69	0.054	0.072	0.165	7.8	—	—
		15～32	0.50	0.028	0.062	0.142	7.7	—	—
		32～60	0.43	0.078	0.075	0.171	7.8	—	—
		60～77	0.53	0.036	0.070	0.160	7.8	—	—
		77～95	0.52	0.042	0.072	0.165	7.9	—	—
37	周家沟	0～20	1.37	0.061	0.075	0.172	7.6	—	—
		20～37	0.88	0.065	0.075	0.172	7.7	—	—
		37～57	0.64	0.054	0.082	0.188	7.6	—	—
36	代坡	0～15	0.71	0.056	0.034	0.078	7.9	—	—
		15～20	0.25	0.026	0.057	0.131	8.0	—	—

d. 剖面通体均有石灰反应，pH 在 7.5 以上。

沟淤山地灰褐土的耕种土壤，肥力一般较高，耕性好，易捉苗，但土温较低是它的不利因素。因此，在耕作中，应注意多施羊粪尿等热性肥料，多施腐熟为黑色的吸热较强的农家肥料，多进行中耕、垄作等增温措施，是此类土壤夺取丰收的关键。

②耕种埋藏黑垆土型山地灰褐土。

耕种埋藏黑垆土型山地灰褐土分布于辉回沟、贾家沟、神堂沟、小温家沟、塔子沟、马坊沟等地，面积为 1 299 亩，占山地灰褐土亚类面积的 0.2%。根据黑垆土母质对土壤的影响及其埋藏情况，划分为 3 个土种：

耕种黑垆土型山地灰褐土：黑垆土母质对土壤有明显的影响，面积为 468 亩，占 36%。

耕种埋藏黑垆土型山地灰褐土：黑垆土母质埋藏于心土层，对表土层影响甚微，面积为 736 亩，占 56.7%。

耕种中层埋藏黑垆土型山地灰褐土：土体深度为 30～60 厘米，心土层埋藏黑垆土，对表层土壤影响不大，面积为 95 亩，占 7.3%。

黑垆土是一种古土壤，根据它在河岸边呈条带状分布，并且是多埋藏型，呈棕黑色，上游多为森林棕壤等特点，可能是在很早以前山洪暴发，林地棕壤被滑坡冲刷下泻，到平缓处被沉积下来，然后又被黄土覆盖而成。后来，河沟因水土流失冲刷下切，这种土壤的大部被冲走，只留下靠边的一条带子。

3 个土种的形态特征类似，现以面积较大的工作埋藏黑垆土型山地灰褐土为例加以叙述。

典型剖面选自开府乡开府村老爷坪。海拔为 1 460 米。坡度平缓，侵蚀轻微。自然植被有狗尾草等草本植物。

0～16 厘米：灰棕褐色的耕作层，质地轻壤偏沙，屑粒结构，疏松多孔，土体稍润，多植物根，石灰反应较强。

16～45 厘米：棕黑色，质地中壤偏轻，碎块状结构，土体较紧、湿润，多菌丝体，多植物根，无石灰反应。

45～85 厘米：浅棕黑色，质地轻壤，块状结构，土体紧实湿润，有中量菌丝体，中量植物根，无石灰反应。

85～114 厘米：棕褐色，质地轻壤，块状结构，土体紧实湿润，有少量菌丝体，少量植物根，无石灰反应。

114～150 厘米：灰棕褐色，质地轻壤，块状结构，土体紧实湿润，有石灰反应。

耕种埋藏黑垆土型山地灰褐土的土体剖面层次分明，其黑垆土层的养分比较丰富。剖面的理化性状分析结果见表 3-23。

表 3-23　黑垆土型山地灰褐土的理化性状（1982 年普查数据）

深度（厘米）	有机质（%）	全氮（%）	全磷（%）		pH	碳酸钙（%）	代换量（me/百克土）
			P	P_2O_5			
0～16	0.82	0.049	0.056	0.128	7.9	10.70	5.61
16～48	1.27	0.060	0.060	0.137	7.3	—	1.444
48～85	0.88	0.038	0.063	0.144	7.3	—	11.63
85～114	0.61	0.031	0.066	0.151	7.2	—	11.14
114～150	0.37	0.024	0.066	0.151	7.6	1.00	10.14

（续）

深度（厘米）	机械组成（%）（粒径：毫米）				
	1～0.05	0.05～0.01	0.01～0.005	0.005～0.001	<0.001
0～16	10.3	67.8	1.2	6.9	18.8
16～48	28.3	10.5	5.1	7.9	18.2
48～85	31.9	41.0	2.4	4.5	18.2
85～114	32.0	41.7	4.3	6.4	15.6
114～150	28.8	41.5	4.7	5.6	16.4

埋藏黑垆土型山地灰褐土是养分潜力较高的山地土壤，但是由于耕种粗放，土壤肥力没有充分利用，今后应加深耕作层和精细耕作，充分发挥其潜在肥力。

③坡积物山地灰褐土。耕种坡积物山地灰褐土面积较小，分布于开府乡红咀梁村和方山乡刘家庄村2个地方，面积为236亩，占山地灰褐土亚类的0.04%。其母质为五花坡积物，因而土种命名为耕种五花坡积物山地灰褐土。

典型剖面描述如下：

典型剖面选自方山乡刘家庄村的红砂坡上，海拔为1 370米，坡度较陡，侵蚀严重。

0～18厘米：灰棕褐色的耕作层，质地中壤，屑粒结构，疏松多孔，多植物根。

18～26厘米：浅灰棕色，质地中壤，碎块状结构，土体紧实，有少量植物根。

26～38厘米：浅红棕褐色，质地中壤，碎块状结构，土体紧实，有少量植物根。

38～81厘米：浅红棕褐色，质地中壤，核状结构，土体紧实，有少量植物根。

81～104厘米：浅红棕褐色，质地中壤，块状结构，土体紧实，无植物根。

104～150厘米：浅红棕褐色，质地中壤，核状结构，土体紧实。

全剖面呈石灰反应，上重而下轻，养分含量中等偏上，其理化性状分析结果见表3-24。

表3-24 五花坡积物山地灰褐土的理化性状（1982年普查数据）

深度（厘米）	有机质（%）	全氮（%）	全磷（%）		pH	碳酸钙（%）	代换量（me/百克土）
			P	P_2O_5			
0～18	0.87	0.050	0.037	0.085	7.6	1.76	10.17
18～26	0.74	0.038	0.040	0.092	7.5	2.12	11.68
26～38	0.27	0.021	0.039	0.089	7.5	0.61	13.17
38～81	0.17	0.014	0.040	0.092	7.5	0.61	14.67
81～104	0.61	0.015	0.055	0.126	7.6	0.54	20.22
104～150	0.17	0.015	0.076	0.174	7.7	0.54	19.70

深度（厘米）	机械组成（%）（粒径：毫米）				
	1～0.05	0.05～0.01	0.01～0.005	0.005～0.001	<0.001
0～18	42.4	27.0	7.0	6.5	17.1
18～26	14.9	48.8	10.6	7.2	18.5
26～38	15.4	41.5	11.0	9.8	22.3
38～81	24.4	32.5	11.0	8.1	24.0
81～104	18.8	38.7	12.1	8.0	22.4
104～150	30.3	32.6	8.5	6.3	22.3

坡积物山地灰褐土的肥力中上，但目前水土流失严重，而且耕性较差。今后应采取修梯田、打水窖、挖涝池、筑谷坊等水土保持措施，并且多施有机肥料，控制水土流失，改善土壤物理性状，充分发挥该土壤的生产潜力。

④耕种红黄土质山地灰褐土。耕种红黄土质山地灰褐土分布在岭上、温家庄、小南阳、冯家庄、南虎滩等山地残垣上，面积为661亩，占山地灰褐土亚类的0.1%。是黄土剥蚀，红黄土质暴露地表而形成的土壤。该土属只有1个土种，其形态特征如下。

典型剖面选自方山乡小南阳村的前阳坪，海拔为1730米，自然植被有芨芨草、灰条等草本植物。

0～25厘米：浅灰棕褐色的耕作层，质地轻壤，屑粒结构，土体较紧，多植物根，有石灰反应。

25～46厘米：浅红棕色，质地中壤，碎块状结构，土体紧实，多姜石，多植物根，有石灰反应。

46～64厘米：浅灰棕色，质地轻壤，块状结构，土体较紧，少姜石，少植物根，有石灰反应。

64～87厘米：灰棕色，质地轻壤，块状结构，土体较紧，少姜石，少植物根，有石灰反应。

87～150厘米：浅灰褐棕色，质地轻壤，块状结构，土体较紧，有少量植物根，有石灰反应。

耕种黄土质山地灰褐土的使用要点是抓好水土保持，增施农家肥，以改变其低产水平。

耕地红黄土质山地灰竭土理化性状见表3-25。

表3-25　耕种红黄土质山地灰褐土的理化性状（1982年普查数据）

深度（厘米）	有机质（%）	全氮（%）	全磷（%）		pH	碳酸钙（%）	代换量（me/百克土）
			P	P_2O_5			
0～25	1.31	0.095	0.062	0.142	7.5	2.85	11.17
25～46	0.44	0.038	0.066	0.151	7.4	1.50	16.70
46～64	0.29	0.018	0.050	0.115	7.5	5.662	9.15
64～87	0.42	0.023	0.048	0.110	7.6	8.69	7.90
87～150	0.31	0.020	0.053	0.121	7.6	9.38	7.65

深度（厘米）	机械组成（%）（粒径：毫米）				
	1～0.05	0.05～0.01	0.01～0.005	0.005～0.001	<0.001
0～25	25.9	48.1	6.1	6.2	13.7
25～46	23.0	41.7	9.0	2.3	24.0
46～64	30.2	45.8	4.8	5.9	13.3
64～87	27.3	48.3	4.6	6.5	13.3
87～150	27.3	48.8	4.6	6.0	13.3

⑤耕种黄土质山地灰褐土。耕种黄土质山地灰褐土是山地灰褐土中重要的农业土壤，

它广泛分布于开府、马坊、方山以及麻地会、下昔、圪洞乡（镇）的低山地带，面积为144 488亩，占山地灰褐土亚类面积的21.72%。该土属的母质均为马兰黄土，土层较厚，土体中富含碳酸盐，多数剖面的土体中可见到假菌丝体。大部为近代垦殖的农田，耕作历史较短。根据其含砂姜情况，划分为2个土种：

耕种黄土质山地灰褐土：面积为143 987亩，占99.65%。

耕种少砂姜黄土质山地灰褐土：面积为501亩，占0.35%。分布在世佛沟和阳圪台两地，土壤砂姜含量为2%～8%。现以耕种黄土质山地灰褐土土种为例，叙述该土属的形态特征。

典型剖面选自方山乡西王家沟村的峁峁梁，海拔为1 470米，黄土母质。自然植被有狗尾草、黄蒿等草本植物。农作物一年一作，宜种谷子、山药等作物。

0～20厘米：灰棕褐色的耕作层，质地轻壤，屑粒结构，疏松多孔，多植物根。

20～30厘米：灰棕色，质地轻壤，碎块状结构，土体紧实，有少量假菌丝体，中量植物根。

30～60厘米：灰棕色，质地轻壤，碎块状结构，土体紧实，有少量假菌丝体，少量植物根。

60～100厘米：浅灰棕色，质地轻壤，块状结构，土体紧实，多假菌丝体。

100～150厘米：浅灰棕色，质地轻壤，块状结构，土体紧实，有少量假菌丝体。

剖面通体有石灰反应，容重为1.07克/立方厘米，其化学性质分析结果见表3-26。

表3-26 耕种黄土质山地灰褐土的化学性质（1982年普查数据）

深度（厘米）	有机质（%）	全氮（%）	全磷（%）		pH
			p	P_2O_5	
0～14	0.64	0.031	0.061	0.139	7.3
14～30	0.43	0.031	0.058	0.133	7.7
30～55	0.41	0.026	0.062	0.142	7.7
55～103	0.44	0.023	0.078	0.179	7.7
103～150	0.48	0.027	0.057	0.131	7.8

耕种黄土质山地灰褐土的形态特征，可归纳为下述3点：

a. 土层厚度。除少数砂姜土种外，耕种黄土质山地灰褐土土种的土层厚度大都＞100厘米。质地一般为轻壤。

b. 层次不明。除耕作层疏松多孔，为屑粒结构外，心土层以下大都为碎块状或块状结构，土体紧实，层次很不分明。

c. 养分较低。耕种黄土质山地灰褐土是耕种山地灰褐土亚类中养分含量最低的土壤，用有机质含量衡量，它比五花坡积物土低26%，比沟淤土低31%，比黑垆土低50%，比红黄土低51%。

耕种黄土质山地灰褐土与其他土壤养分比较见表3-27。

表 3-27 耕种黄土质山地灰褐土与其他土属养分比较（1982 年普查数据）

土壤类型	黄土	五花土	沟淤土	黑垆土	红黄土
有机质（%）	0.64	0.87	0.93	1.29	1.31
比较	100	136	145	202	205

有机质含量为平均值。

根据上述形态特征，该种土壤易耕作，肥效低，水土流失严重。应加强水土保持，多施农家肥，种植绿肥作物，实行精耕细作，是这种土壤提高农业产量的有效途径。

6. 灰褐土 本亚类是灰褐土的典型土壤，在方山县成复域分布，面积为 378 亩，占灰褐土土类的 0.03%。土属、土种均为灰褐土。

典型剖面采自麻地会乡郝家庄村，村南偏东 15°，相距 1 000 米的石咀山北坡上。地貌单元为黄土丘陵，海拔为 1 350 米。黄土母质。自然植被为醋柳、铁秆蒿等草灌植物。地势平缓，侵蚀轻缓。

0～2 厘米：半分解的枯枝落叶堆积层。

2～8 厘米：棕灰色的弱腐殖质层，质地轻壤，屑粒结构，疏松多孔，土体较干，多植物根，有石灰反应，少量砾石。

8～26 厘米：灰棕色，质地轻壤，块状结构，土体较紧，空隙少，土体较干，多植物根，石灰反应强烈，有少量砾石。

26～38 厘米：浅棕灰色，质地轻壤，块状结构，土体稍紧，少空隙，土体干燥，有虫孔虫粪，假菌丝体，石灰反应强烈，有中量植物根，少量砾石。

38～84 厘米：浅棕灰色，质地轻壤，块状结构，土体稍紧，空隙中量，干燥，有假菌丝体，石灰反应强烈，有中量植物根，少量砾石。

84 厘米以下：为花岗片麻岩基岩。

典型灰竭土理化性状分析结果见表 3-28。

表 3-28 典型灰褐土的理化性状（1982 年普查数据）

深度（厘米）	有机质（%）	全氮（%）	全磷（%）	pH	碳酸钙（%）	代换量（me/百克土）
2～8	1.94	0.116	0.054	8.0	6.92	10.4
8～26	1.24	0.077	0.050	7.9	8.77	11.16
26～38	0.76	0.044	0.050	8.2	10.69	7.62
38～84	0.42	0.026	0.050	8.2	10.76	9.14

深度（厘米）	机械组成（%）（粒径：毫米）				
	1～0.05	0.05～0.01	0.01～0.005	0.005～0.001	<0.001
2～8	11.1	63.7	1.7	7.5	16.0
8～26	38.6	34.3	4.0	7.2	15.9
26～38	18.5	55.0	2.2	8.3	16.0
38～84	27.5	39.1	9.5	1.0	22.9

典型灰褐土有下述 4 个特点：

(1) 出现部位在黄土丘陵上部，与山地土壤接壤，地形平缓的地方。一般为自然土壤，自然草灌植被，呈间歇条带状分布。除上述的部位外，在沿川开阔的二级阶地上也有分布，大部为农田，但典型性次于丘陵上部的剖面。见表 3-29。

表 3-29　几个灰褐土的剖面情况（1982 年普查数据）

采集地点	地类	层次	深度（厘米）	颜色	质地	结构	松紧度	孔隙	干湿度	新生体		植物根	石灰反应	pH
										形态类别	数量			
峪口	耕地	1	0～19	浅棕褐	轻壤	屑粒	疏松	多	润	虫孔虫类	多	多	++	8.2
		2	19～42	浅灰棕褐	沙轻	块状	坚实	少	润	假菌丝体	少	中	++	8.4
		3	42～84	灰棕	沙轻	块状	紧实	中	润	虫孔虫类	少	少	++	8.4
		4	84～95	浅灰棕	沙壤	碎块	紧实	少	润	虫孔虫类	少	少	++	8.6
		5	95～150	灰棕	沙轻	块状	紧实	少	润			少	++	8.5
相当	耕地	1	0～16	浅棕褐	轻壤	屑粒	疏松	多	润		少	多	++	—
		2	16～45	浅灰褐	轻壤	碎块	紧实	少	稍润	假菌丝体	少	中	++	—
		3	45～78	浅灰褐	轻壤	块状	较紧	中	润	假菌丝体		少	++	—
		4	78～102	浅灰褐	轻壤	块状	较紧	中	润			少	++	—
		5	102～150	浅灰褐	轻壤	块状	较紧	中	润			少	++	—
西相王	耕地	1	0～19	浅棕褐	轻壤	屑粒	疏松	多	润		中	多	++	8.2
		2	19～42	浅棕黄	轻壤	块状	稍紧	中	润	虫孔虫类	多	中	++	8.2
		3	42～76	灰褐棕	中壤	块状	紧实	少	潮	虫孔虫类		少	++	8.2
		4	76～130	灰棕褐	沙轻	块状	紧实	少	润			少	++	8.2

(2) 土体一般较厚，多为中、厚层。质地大都为轻壤—沙质轻壤。

(3) 自然土壤的地表 1～2 厘米处为半分解枯枝落叶堆积层，以下为较薄的弱腐殖质层，心土层以下有碳酸盐淀积现象，一般以假菌丝或点状形态存在，同时有黏粒下移现象，用肉眼只能看到黏粒聚集情况，看不到淀积层。

(4) 剖面通体是会反应强烈，pH 在 8 上下波动。

7. 灰褐土性土　灰褐土性土是广泛分布在黄土丘陵地带的土壤，方山县分布于大武、店坪、韩家山、石站头、峪口、圪洞以及下昔、麻地会、方山乡（镇），海拔为 1 400 米以下的地区。面积为 485 920 亩，占灰褐土性土土类面积的 33.59%。在灰褐土亚类中居第二位。

灰褐土性土分布地区，地形此起彼伏，沟壑纵横交错，梁茆星罗棋布，自然植被稀少，水土流失严重，土地支离破碎；常年气温偏高，降水明显偏少，气候干燥，物理风化强烈，有机质极易分解，养分积累很少。年平均气温 6～8℃，比山地灰褐土分布区域高 1～2℃；年平均降水量为 450～550 毫米，比山地灰褐土分布区域少 50～150 毫米。主要自然植被有醋柳、铁秆蒿、狗尾草等干旱型植物，乔木有杨、柳、刺槐等耐旱树种。种植的农作物主要有谷子、山药、高粱、春小麦、玉米、豆类等，部分地区种植冬小麦。作物多为耐旱品种。

灰褐土性土发育较弱，发育层次过渡极不清晰，母质特征十分明显。发育于黄土母质上的土壤，土层深厚，质地均匀，发育层次不鲜明，石灰反应强烈；发育于洪积母质上的沟淤土，靠近土石山区的质地偏沙，黄土丘陵地区的有五花层次，质地差异较大；基岩裸露处为粗骨性土壤。灰褐土性土一般肥力较低，表层有机质含量0.79%左右，比山地灰褐土性土一般肥力较低，表层有机质含量比山地灰褐土低55.4%；全磷为0.06%，比山地灰褐土高1.7%。见表3-30。

表3-30 灰褐土性土与山地灰褐土表层养分比较（1982年普查数据）

土壤		山地灰褐土			灰褐土性土		
		平均值	自然土	耕种土	平均值	自然土	耕种土
化验剖面数		23	11	12	18	7	11
有机质（%）	平均值	2.04	3.16	1.02	0.79	1.02	0.66
	最高	5.90	5.90	2.19	2.25	2.25	1.93
	最低	0.29	1.28	0.29	0.19	0.19	0.123
全氮（%）	平均值	0.112	0.174	0.055	0.060	0.074	0.051
	最高	0.279	0.279	0.095	0.141	0.141	0.082
	最低	0.027	0.088	0.027	0.012	0.012	0.020
全磷（%）	平均值	0.059	0.059	0.060	0.060	0.060	0.061
	最高	0.087	0.087	0.075	0.084	0.069	0.084
	最低	0.034	0.047	0.034	0.047	0.050	0.047

全剖面的碳酸钙含量高，多在10%左右，一般呈菌丝状或点状淀积于土体中下部。土体中常有岩石碎块和次生姜石侵入。

根据土壤母质和土地利用情况，灰褐土性土分为10个土属、24个土种。其中：自然土壤有5个土属、11个土种，面积为193 394亩，占39.8%；耕种土壤有6个土属、13个土种（其中1个土属，有1个自然土种，1个耕种土种），面积为292 526亩，占60.2%。下面按土属、土种叙述其形态特征。

（1）自然土壤：

①黄土质灰褐土性土。这个土属是黄土质灰褐土性土的典型土属，根据其土层厚度划分了3个土种：

黄土质灰褐土性土，土体厚度>100厘米，面积为157 018亩，占97.3%。

厚层黄土质灰褐土性土，土体厚度80～100厘米，面积为4 050亩，占2.5%。

薄层黄土质灰褐土性土，土体厚度<30厘米，面积为307亩，占0.2%。

上述3个土种，除土层厚度不同外，其土壤发育过程及形态特征都相似，现以韩家山村和阳茆村的典型剖面加以叙述。

典型剖面采自阳茆村东，海拔为1 340米，自然植被为铁秆蒿、狗尾草、被碱草等草本植物。剖面通体为黄土母质。

0～28厘米：浅灰棕色，质地轻壤，屑粒结构，土体稍紧，土体干燥，多植物根。

28～57厘米：浅灰棕色，质地轻壤，块状结构，土体紧实，土体干燥，多植物根。

57～110 厘米：灰棕色，质地轻壤，块状结构，土体紧实，土体干燥，有假菌丝体，多植物根。

剖面通体有石灰反应，土壤容重为 1.09 克/立方厘米，母质特征很明显。其理化性状分析结果见表 3-31。

表 3-31 黄土质灰褐土性土的理化性状（1982 年普查数据）

深度（厘米）	有机质（%）	全氮（%）	全磷（%）	pH	碳酸钙（%）	代换量（me/百克土）
0～28	0.57	0.030	0.055	8.3	11.21	6.12
28～57	0.50	0.028	0.058	8.3	11.17	5.90
57～110	0.32	0.017	0.056	8.4	11.64	5.16

深度（厘米）	机械组成（%）（粒径：毫米）				
	1～0.05	0.05～0.01	0.01～0.005	0.005～0.001	<0.001
0～28	21.4	50.3	6.0	7.8	14.5
28～57	25.8	45.9	6.0	7.8	14.5
57～110	22.4	51.2	5.4	6.9	14.1

②红黄土质灰褐土性土。红黄土质灰褐土性土分布在黄土丘陵的沟壑和梁峁，因侵蚀作用使离石黄土出露或半出露的地方。质地较黏，一般为中壤，有的含有少量砂姜，这个土属因地形较陡，不宜耕种。方山县在店坪、韩家山、石站头乡的侵蚀沟中分布面积较多。面积为 9 691 亩，占灰褐土性土亚类面积的 2%。根据含砂姜情况划分为 2 个土种：红黄土质灰褐土性土，面积为 7 295 亩，占 75.3%；少砂姜红黄土质灰褐土性土，面积为 2 396 亩，占 24.7%，一般砂姜含量<10%。现以红黄土质灰褐土性土土种的典型剖面叙述其形态特征。

典型剖面选自圪洞镇水沟村的门后沟，海拔为 1 285 米。水土流失严重，自然植被为铁杆蒿、狗尾草等草本植物，盖度较低，俗称红胶泥地。

0～24 厘米：灰黄棕色，质地轻壤，碎块状结构，土体多空隙而稍紧，比较干燥，多植物根。

24～71 厘米：浅棕黑色，质地轻壤偏黏，块状结构，土体紧实，比较干燥，有中量植物根，有极少砂姜。

71～119 厘米：浅红棕褐色，质地中壤，块状结构，土体紧实，有假菌丝体，少量植物根，有极少砂姜。

119～150 厘米：浅红棕色，质地重壤，块状结构，土体坚实，有少量植物根，极少砂姜。

剖面通体为石灰反应，表层容重 1.2 克/立方厘米。其化学性质分析结果见表 3-32。

表 3-32 红黄土质灰褐土性土的化学性质（1982 年普查数据）

深度（厘米）	有机质（%）	全氮（%）	全磷（%）	pH
0～24	0.89	0.070	0.063	7.8
24～71	0.41	0.031	0.050	7.8

（续）

深度（厘米）	有机质（%）	全氮（%）	全磷（%）	pH
71～119	0.27	0.026	0.061	7.6
119～150	0.21	0.070	0.070	7.9

③石灰岩质灰褐土性土。石灰岩质灰褐土性土分布于店坪乡西南部，马头山地区的石灰岩分化母质上，质地较细，土层较薄，只有 26 厘米左右。因母质关系，石灰反应强烈。面积 717 亩，占灰褐土性土亚类的 0.01%。只有 1 个土种。

典型剖面采自店坪乡黄圈塔村山神庙坡上，海拔为 1 435 米，自然植被为铁秆蒿、狗尾草、野菊花等草本植物。母质为石灰岩残积、坡积物，上有黄土覆盖。

0～1 厘米：草皮草。

1～10 厘米：灰褐色，质地轻壤，碎块状结构，土体多孔而稍紧，干燥，多植物根，石灰反应强烈。

10～26 厘米：灰褐色，质地轻壤，碎块状结构，土体紧实，干燥，有中量植物根，石灰反应强烈，并有 5%左右的岩石碎块侵入。

26 厘米以下为石灰岩基岩。

④红土质灰褐土性土。红土质灰褐土性土分布在石站头和店坪乡的深切割沟壑中，母质为第三纪的保德红土，质地黏重，全剖面无石灰反应。根据利用情况分为自然土壤和耕种土壤 2 个土种。自然土壤的土种名称为红土质灰褐土性土，由于面积狭长而阶断分布，因而难以垦种。面积为 1 614 亩，占本土属面积的 80.7%，占灰褐土性土亚类面积的 0.3%。

典型剖面选自石站头乡南洼村的桥沟沟底，海拔为 1 170 米，自然植被为铁秆蒿等草本植物。

0～1 厘米：枯枝落叶草皮草。

1～10 厘米：浅红棕色，质地重壤，碎块状屑粒结构，疏松多孔，多植物根。

10～48 厘米：红棕色，黏土，核状结构，土体坚实，有棕黑色的铁锰胶核，少植物根。

48～110 厘米：除颜色比上层较深外，其他特征一致。

剖面化学分析结果见表 3-33。

表 3-33　红土质灰褐土性土的化学性质（1982 年普查数据）

深度（厘米）	有机质（%）	全氮（%）	全磷（%）	pH
1～10	0.19	0.020	0.062	3.1
10～48	0.15	0.014	0.055	7.8
48～110	0.17	0.013	0.053	7.9

⑤粗骨性灰褐土性土。粗骨性灰褐土性土是丘陵地区岩石裸露处，发育于岩石风化物上的土壤。方山县分布在方山以下地区，面积为 19 997 亩，占灰褐土性土亚类面积的 4.1%。根据母岩类型不同，划分为 4 个土种：

花岗片麻岩质粗骨性灰褐土性土，分布于西山、石板梁、花家坡等地，耕地面积为6 593亩，占粗骨性灰褐土性土33%。

石英砂岩质粗骨性灰褐土性土，分布于班庄、西山上、后则沟等地，面积为3 411亩，占粗骨性灰褐土性土17.1%。

砾页岩质粗骨性灰褐土性土，分布于土岔则、王家蔫、阳茆上等地，面积为8 418亩，占粗骨性灰褐土性土42.1%。

石灰岩质粗骨性灰褐土性土，分布于杨家会、宗家山等地，面积为1 575亩，占粗骨性灰褐土性土7.8%。

上述土壤由于植被稀少，侵蚀严重，岩石风化的残积坡积物，风化极不充分，有的还在半风化阶段，因而土壤发育很差，土层极薄，为15～20厘米，为点带分布。土体中碎石含量很高，有的高至75%以上。多为沙土、沙壤、砾质和碎石土。石灰反应较强烈。目前基本上不能为农业所利用。

上述5个土属、11个土种，大多分布在离村较远的或沟壑坡上，除暂不能为农、林、牧业所利用的粗骨性土壤外，今后可以改变黄土丘陵地区的自然气候条件，控制水土流失，达到生态平衡，促使广大丘陵地区的农田提高生产水平。

（2）耕种土壤：

①耕种黄土质灰褐土性土。耕种黄土质灰褐土性土是灰褐土性土亚类中面积最大、分布较广的土壤，它同黄土质灰褐土性土一样，分布于方山县以南的广大丘陵地带，面积237 069亩，占灰褐土性土亚类面积的48.8%，是大武、店坪、韩家山、石站头、峪口、圪洞等乡（镇）的主要农业土壤。根据其含砂姜情况划分为2个土种：

耕种黄土质灰褐土性土，面积为236 620亩，占99.8%。

耕种少砂姜黄土质灰褐土性土，面积为449亩，占0.2%。

2个土种的形态特征除砂姜含量不同外，基本相同，可归纳以下4点：

a. 土体深厚。根据9个乡（镇）、56个村，205个剖面的统计，88个剖面的土层厚度>150厘米，117个剖面的土层厚度为100～150厘米。质地均为轻壤—沙质轻壤。现以圪洞镇新阳湾村将军梁的剖面予以说明：这个剖面的土体可分4层。4层的质地均为轻壤偏沙，粉沙粒含量为61.5%～67.9%，上部黏粒多一点，下部沙粒多一点。各层机械组成见表3-34。

表3-34　耕种黄土质灰褐土性土的物理性质（1982年普查数据）

深度（厘米）	沙粒 1～0.05毫米	粉沙粒 0.05～0.001毫米	黏粒 <0.001毫米
0～13	18.0	67.9	14.1
13～23	18.0	66.4	15.6
23～75	28.4	61.5	10.1
75～150	23.1	62.6	14.3

b. 土壤无明显的发育层次。土体同母质特征一样，上下均一，没有明显的发育层次，更没有明显的诊断层。例如大武乡大武村黄堡梁的典型剖面，145厘米深的土体分了5

层，除耕作层与心土层有点差别外，其余层次区别很小，只能在碳酸钙淀积状况等方面有微小的区分。见表 3-35。

表 3-35　大武黄堡梁 59 号土种的剖面情况（1982 年普查数据）

深度（厘米）	颜色	质地	结构	松紧度	空隙	新生体	植物根	石灰反应	pH
0～15	浅灰褐	轻壤	屑粒	疏松	多		多	++	8.9
15～20	浅灰褐	轻壤	块状	紧实	中		中	++	7.9
20～60	浅灰褐	轻壤	块状	紧	中	少量假菌丝体	少	++	7.9
60～105	浅灰褐	轻壤	块状	紧	少	中量假菌丝体		++	7.9
105～145	浅灰褐	轻壤	块状	紧	少			++	7.8

c. 养分含量低。耕种黄土质灰褐土性土由于水土流失严重，土壤中好气性微生物占优势，有机质分解彻底，加之施肥水平低下和耕作粗放等人为因素，土壤中的养分含量低。表层上壤的有机质含量在 5% 上下，高的也不过 8%左右，低的仅 3%；全氮含量为 0.04%～0.06%；全磷含量在 0.05%左右；代换量仅 6 me/百克土左右。而且养分含量随着土壤的深度而降低，说明该土壤的养分潜力也很差。见表 3-36。

表 3-36　耕种黄土质灰褐土的化学性质（1982 年普查数据）

地点	深度（厘米）	有机质（%）	全氮（%）	全磷（%）		pH	碳酸钙（%）	代换量（me/百克土）
				P	P_2O_5			
阳湾里	1～13	0.82	0.045	0.057	0.131	8.1	7.78	6.11
	13～29	0.46	0.018	0.050	0.115	8.1	8.52	5.61
	29～75	0.29	0.014	0.052	0.119	8.2	8.56	4.60
	75～150	0.23	0.014	0.051	0.117	8.2	8.79	5.60
大武	0～15	0.53	0.060	0.049	0.112	8.9	—	—
	15～20	0.41	0.043	0.046	0.105	7.9		
	20～60	0.33	0.028	0.057	0.131	7.9		
	60～105	0.34	0.028	0.06	0.137	7.9		
	105～145	0.37	0.038	0.05	0.115	7.8		
阎家山	0～16	0.36	0.04	0.062	0.142	8.1	—	—
	16～52	0.24	0.028	0.065	0.149	8.0		
	52～100	0.24	0.026	0.051	0.117	8.1		
	100～130	0.22	0.028	0.048	0.109	8.3		
	130～150	0.25	0.031	0.062	0.142	8.1		

d. 剖面通体有石灰反应，pH 在 8 左右。

②耕种红黄土质灰褐土性土。分布于店坪乡、石站头乡、大武乡东山及峪口镇等地的丘陵沟壑地区，面积为 4 163 亩，占灰褐土性土亚类面积的 0.9%。根据其含砂姜情况划分为 2 个土种：

耕种红黄土质灰褐土性土，面积为 3 135 亩，占 75.3%。

耕种少砂姜红黄土质灰褐土性土，面积为 1 028 亩，占 24.7%。

该土属的形态特征与自然土壤基本相同，不同之处是由于农作物栽培，进一步促进了土壤养分的物质循环。现以店坪乡羊耳则地所选的典型剖面，描述耕种黄土质灰褐土性土土种的养分情况见表 3 - 37。

表 3 - 37 耕种红黄土质灰褐土性土的化学性质（1982 年普查数据）

深度（厘米）	有机质（%）	全氮（%）	全磷（%）		pH
			P	P_2O_5	
0～20	0.44	0.041	0.050	0.115	8.0
20～30	0.13	0.014	0.057	0.131	8.0
30～60	0.28	0.028	0.070	0.160	8.1
60～100	0.28	0.026	0.020	0.046	8.0
100～150	0.26	0.026	0.062	0.142	8.1

③红土质灰褐土性土。耕种红土质灰褐土性土是红土质灰褐土性土土属中的 1 个土种，面积很小，只有 386 亩，占该土属的 19.3%。在石站头、庄上等地零星分布。该土种的特点是土质黏重，透水性和保水性都很差，养分含量也低，农作物产量也不高。

剖面描述如下：

剖面选自圪洞乡庄上村的后沟里，俗称红胶泥地，海拔为 1 160 米。自然植被有刺蓟、狗尾草等草本植物。农作物一年一作，宜种南瓜、山药等。

0～14 厘米：灰红棕色的耕作层，质地中壤，屑粒片状结构，土体较松，多植物根，有轻微石灰反应。

14～47 厘米：红棕色，质地重壤，碎块状结构，土体紧实，中量植物根，无石灰反应。

47～74 厘米：红棕色，质地重壤，块状结构，土体坚硬，湿潮，有铁锰胶膜，少植物根，无石灰反应。

74～104 厘米：红棕色，质地重壤，块状结构，土体坚硬，潮湿，有铁锰胶膜，无植物根，无石灰反应。

剖面表层容重 1.25 克/立方厘米，养分含量低。见表 3 - 38。

表 3 - 38 耕种红土质灰褐土性土的化学性质（1982 年普查数据）

深度（厘米）	有机质（%）	全氮（%）	全磷（%）		pH
			p	P_2O_5	
0～14	0.23	0.023	0.047	0.108	7.9
14～47	0.15	0.014	0.053	0.122	7.9
47～74	0.21	0.017	0.043	0.098	7.8
74～105	0.19	0.020	0.040	0.092	7.7

上述 3 个土属，5 个土种的共同特点是水土流失严重，土壤肥力较差，应在修梯田、

打坝造地上下工夫，并在地塄上栽植地埂桑，既可保持水土，又可发展副业。同时要用深翻的方法，加厚其活土层；用增施农家肥和种植绿肥的方法，提高其土壤肥力。在提高地力的基础上，充分发挥气温高、光照充足等自然优势。

④耕种埋藏黑垆土型灰褐土性土。耕种埋藏黑垆土型灰褐土性土分布于黄土丘陵地区，主要沟道的侧面，有的因侵蚀出露，有的尚未出露，同山地灰褐土一样，它是一种古土壤。方山县分布在南阳沟、陈世凡沟、阳圪台沟、东沟、石站头沟、圪针湾沟、新房沟等地，面积为 1 306 亩，占灰褐土性土亚类面积的 0.3%。根据其埋藏程度分为 2 个土种：

耕种黑垆土型灰褐土性土：黑垆土已裸露地面，分布于刘家庄、韩家沟等地，面积为 673 亩，占 51.5%。

耕种埋藏黑垆土型灰褐土性土：黑垆土尚未出露地面，分布于南沟、松窝等地，面积为 633 亩，占 48.5%。

耕种黑垆土型灰褐土性土的典型剖面及形态特征描述如下：

典型剖面选自方山乡刘家庄村学校背后，南阳沟北侧的坡地上。海拔为 1 370 米。自然植被有灰条、黄蒿等草本植物。农作物一年一作，宜于种植玉米、大麻等作物，产量较高。

0～18 厘米：灰黑褐色的耕作层，质地轻壤，屑粒结构，疏松多孔，土体湿润，多植物根，有石灰反应。

18～29 厘米：灰黑褐色，质地轻壤，土体紧实，湿润，有中量植物根，轻微的石灰反应。

29～55 厘米：黑褐色，质地轻壤，土体较紧，湿润，菌丝体较多，有少量植物根，轻微的石灰反应。

55～98 厘米：黑褐色，质地轻壤，土体较紧，湿润，菌丝体较多，石灰反应微弱。

98～128 厘米：黑褐色，质地轻壤，土体较紧，湿润，有少量的菌丝体，石灰反应微弱。

128～150 厘米：黑褐色，质地轻壤，土体较紧，湿润，有少量的菌丝体，石灰反应微弱。

剖面表层容重 1.18 克/立方厘米，养分含量比较丰富，见表 3 - 39。

表 3 - 39　耕种黑垆土型灰褐土性土的理化性质（1982 年普查数据）

深度（厘米）	有机质（%）	全氮（%）	全磷（%）		pH	碳酸钙（%）	代换量（me/百克土）
			P	P_2O_5			
0～18	1.93	0.082	0.084	0.192	7.8	4.0	9.14
18～29	1.11	0.070	0.075	0.172	7.6	3.15	8.64
29～55	1.09	0.061	0.078	0.179	7.6	0.4	11.66
55～98	0.89	0.048	0.078	0.179	7.7	0.4	12.17
98～128	0.86	0.050	0.078	0.179	7.7	1.77	16.48
128～150	1.07	0.055	0.074	0.169	7.7		10.17

（续）

深度（厘米）	机械组成（%）（粒径：毫米）				
	1～0.05	0.05～0.01	0.01～0.005	0.005～0.001	<0.001
0～18	31.7	44.2	4.7	4.2	15.2
18～29	24.7	49.4	4.5	6.2	15.2
29～55	29.4	41.6	4.1	7.8	17.1
55～98	22.6	48.4	4.7	7.2	17.1
98～128	25.5	43.5	5.1	7.0	18.9
128～150	25.9	46.8	4.5	7.6	15.2

上述理化性质分析表明，黑垆土具有很大的增产潜力。应积极搞好土地基本建设，兴修水利，精耕细作，充分发挥其增产潜力。

⑤耕种沟淤灰褐土性土。耕种沟淤灰褐土性土是丘陵地带的沟淤土壤，分布在海拔1 400米以下的沟谷中。方山县主要分布在店坪沟、下昔沟、瓦窑沟、阳圪台沟以及东沟、南沟、横沟等大中型沟道中，面积为14 160 亩，占灰褐土性土亚类的2.9%。根据其淤积深度和母质类型，划分为3个土种：

耕种沟淤灰褐土性土：洪积冲积物为马兰黄土，淤积层＞100 厘米。面积为11 426亩，占80.7%。

耕种深位沙砾石层沟淤灰褐土性土：洪积冲积物为马兰黄土，淤积层为60～100 厘米，以下为沙砾石和河卵石。面积为1 573 亩，占11.1%。

耕种五花沟淤灰褐土性土：洪积冲积物为马兰黄土，淤积层＞100 厘米。面积为1 161亩，占8.2%。

沟淤土是随着土壤侵蚀而形成的土壤类型，它的特点是黄土洪积物质较粗，多呈轻壤—沙壤，红黄土洪积物质地较细，多呈轻壤—中壤；靠近山口处土质较粗，多含砂姜和砾石，距山口较远处土质较细，一般无侵入体；靠近山口处土层一般较厚，距山口较远处土质一般较薄；五花沟淤土养分较高，黄土沟淤土养分较低；五花沟淤土多含砂姜，黄土沟淤土一般不含砂姜或含量甚微。

沟淤灰褐土性土一般都是近代形成的土壤类型，土龄较年轻，肥力较高，水分状况良好，具有一定的抗旱能力，是当地较好的耕种土壤。其化学性质见表3-40。

表3-40　耕种沟淤灰褐土性土的化学性质（1982年普查数据）

土种	地点	深度（厘米）	有机质（%）	全氮（%）	全磷（%）		pH
					P	P_2O_5	
黄土沟淤	山胜	0～16	0.92	0.077	0.066	0.151	7.8
		16～35	0.56	0.058	0.056	0.126	8.1
		35～54	0.48	0.058	0.057	0.131	7.9
		54～63	0.56	0.056	0.047	0.108	7.9

（续）

土种	地点	深度（厘米）	有机质（%）	全氮（%）	全磷（%）		pH
					P	P_2O_5	
五花沟淤	木瓜里	0～20	1.13	0.067	0.060	0.137	7.6
		20～68	0.30	0.036	0.055	0.126	7.9
		68～117	0.37	0.036	0.057	0.131	8.0
		117～150	0.24	0.067	0.053	0.121	7.9

耕种沟淤灰褐土性土虽为目前较好的农业土壤，但因成土时间较短，熟化程度较低，而且易受山洪威胁。今后应修筑高标准台田，坚固沟坝，配置排洪设施，同时要精耕细作，加强土壤的培肥熟化工作，定会迅速建成高产稳产农田。

⑥川黄土。川黄土分布于北川河两岸的一级阶地高处或二级阶地上。地形平坦，侵蚀极微，地下水位较深，对土壤基本没有影响。成土母质为黄土状的冲积洪积物，土层深厚，有的有沙砾石层，有的没有，土体质地均匀，为方山县较好的农业土壤。面积为 35 442 亩，占灰褐土性土亚类面积的 7.3%。根据其土层厚度划分为 3 个土种：

川黄土，土体深度>100 厘米，面积为 34 718 亩，占 98%。

厚层川黄土，土体深度 60～100 厘米，面积为 416 亩，占 1.1%。

中层川黄土，土体深度 30～60 厘米，面积为 308 亩，占 0.9%。

3 个土种除土体深度不同外，形态特征基本相同，现以川黄土土种为例加以叙述。

典型剖面选自峪口乡峪口村后坪上，地形为二级阶地，海拔为 1 014 米。地下水位 6 米，母质为黄土状物质。自然植被有灰条，毛毛草等草本植物。耕作制度为一年一作，宜种玉米、谷子等作物。水利条件一般，为河水灌溉的普通水浇地。

0～19 厘米：灰褐色的耕作层，质地轻壤，屑粒结构，疏松多孔，湿润，多植物根。

19～42 厘米：浅灰褐色，质地轻壤，块状结构，土体紧实，湿润，多冲孔虫粪，中量植物根。

42～84 厘米：灰棕色，质地轻壤，块状结构，土体紧实，湿润，少量十菌丝体，少量植物根。

84～95 厘米：浅灰棕色，质地轻壤偏沙，碎块状结构，土体紧实，湿润，少量冲孔虫粪，少量植物根。

剖面通体有石灰反应，并有极少量的灰渣侵入体，表层容重为 1.14 克/立方厘米。其理化性状见表 3-41。

表 3-41　川黄土的理化性状（1982 年普查数据）

深度（厘米）	有机质（%）	全氮（%）	全磷（%）		pH	碳酸钙（%）	代换量（me/百克土）
			P	P_2O_5			
0～19	0.83	0.089	0.074	0.169	8.0	6.38	9.65
19～42	0.88	0.054	0.074	0.169	8.2	6.54	9.93
42～84	0.58	0.036	0.060	0.137	8.3	7.22	5.61
84～95	0.39	0.021	0.058	0.133	8.5	6.67	5.10
95～150	0.35	0.017	0.056	0.128	8.3	8.07	5.6

（续）

深度（厘米）	机械组成（%）（粒径：毫米）				
	1～0.05	0.05～0.01	0.01～0.005	0.005～0.001	<0.001
0～19	14.5	57.5	7.4	9.2	11.4
19～42	23.9	48.1	6.0	7.5	14.5
42～84	26.2	47.1	5.0	6.5	15.2
84～95	37.4	41.7	3.8	4.9	12.2
95～150	29.9	43	4.8	7.0	15.3

川黄土的形态特征可归纳为以下 4 点：

a. 土体一般深厚，质地多为轻壤，土性绵软，疏松易耕，保水保肥性较好，颜色呈灰褐色或灰棕色。

b. 耕作层为屑粒状结构，心土和底土层为块状或碎块状结构，并有菌丝状的碳酸钙沉积现象和微弱的黏粒集聚现象。

c. 养分含量中上，比沟淤土低，但比丘陵坡地的灰褐土性土高。

d. 全剖面石灰反应强烈，pH 为 8 左右。

川黄土具有发展水利的先决条件，但目前的水利设施不好，甚至有些川黄土至今还是旱坪地，因而限制了农业生产的发展。今后应在川黄土上积极进行水利建设，作为重点培肥的土壤，让它为人类多做贡献。

8. 草甸灰褐土 草甸灰褐土分布于北川河两岸的一级阶地和二级阶地的低洼处，是由于地下水位的上升或河水的季节性侧渗，致使灰褐土向草甸土过渡的过渡土壤类型。面积为 16 247 亩，占灰褐土土类面积的 1.1%，是一个比较小的亚类。

草甸灰褐土的成土过程，仍以灰褐土土化过程为主导过程，草甸化过程只是附加成土过程。地下水位一般为 4～6 米，在土体中表现是上干下湿，有微弱的黏粒下移现象，底部有时出现不明显的铁锈斑纹。

草甸灰褐土只有 1 个土属，3 个土种。土属命名为潮灰褐土，是根据其形态特点命名的。土种依据土层厚度和沙砾石层出现的部位而划分。

潮灰褐土：土体厚度＞100 厘米，大武至开府的沿川均有分布，面积为 7 398 亩，占 45.5%。

厚层潮灰褐土：土体厚度为 60～100 厘米，以下出现沙砾石层，分布于开府、石湾、班庄、峪口、大武等地，面积为 7 030 亩，占 43.3%。

中层潮灰褐土：土体厚度为 30～60 厘米，以下出现沙砾石层，分布于开府、沟门等地，面积为 1 819 亩，占 11.1%。

典型剖面选自大武乡西相王村村滩里，一级阶地，紧靠北川河，海拔 1 050 米。母质为积冲洪冲黄土状物质。地下水位约 5 米，但土体下部受北川河水季节性的侧渗浸润。地势平坦，侵蚀轻微。自然植被有水稗、毛毛草等草本植物。耕种一般为一年一作，宜种玉米、高粱、谷子等作物。土种名称为潮灰褐土。

0～19 厘米：灰棕褐色的耕作层，质地轻壤，屑粒结构，疏松多孔，土体湿润，多植物根。

19～42厘米：灰棕黄色，质地轻壤，碎块状结构，土体稍紧，湿润，有中量虫孔虫粪，少量植物根。

42～76厘米：灰棕褐色，质地中壤，碎块状结构，土体稍紧，湿润，多虫孔虫粪，少量植物根。

76～130厘米：灰棕褐色，质地为沙质轻壤，块状结构，土体紧实，湿润，有极少植物根。

剖面通体石灰反应强烈，表层容重1.21克/立方厘米，养分含量较高。见表3-42。

表3-42　潮灰褐土的化学性质（1982年普查数据）

深度（厘米）	有机质（%）	全氮（%）	全磷（%）		pH
			P	P_2O_5	
0～19	0.58	0.070	0.057	0.131	8.1
19～42	0.47	0.054	0.086	0.196	8.0
42～76	0.44	0.028	0.066	0.151	8.0
76～130	0.30	0.017	0.050	0.115	8.0

草甸灰褐土的形态特征可归纳为以下几点：

a. 土层深厚，一般在中厚层以上，质地轻壤—沙质轻壤，土性软绵，疏松易耕，保水保肥性属一级水平。

b. 表层土为屑粒状结构，心土以下为块状和碎块结构，有的土体中含有沙砾石，大部分底部伏沙、砾、卵石层。

c. 地下水位在4～6米，土体中有微弱的黏化现象，肉眼一般看不出来，下部有不明显的铁锈斑纹，土体自上而下逐渐湿润。

d. 土壤养分含量一般比灰褐土性土高，有机质高1.27倍，全氮高1.06倍，全磷低8%。见表3-43。

表3-43　草甸灰褐土与灰褐土性土养分比较（1982年普查数据）

土壤	有机质（%）	全氮（%）	全磷（%）
草甸灰褐土	1.50	0.105	0.056
灰褐土性土	0.66	0.051	0.061

e. 全剖面石灰反应强烈，pH为8左右。

草甸灰褐土同灰褐土性土中的川黄土一样，是建设高标准园田重点培肥、精耕细作，实现高产稳产的重要农业土壤。

（四）草甸土

草甸土是受生物气候影响较小，而受地下水影响较大的一种隐域性土壤。方山县主要分布在北川河两岸的低阶地上，除少数沼泽洼地外，大部已被开垦种植，而且是重要的农业土壤。

1. 草甸过程 草甸土是直接受地下水浸润，在草甸植被下发育而成的半水成土壤。草甸过程包括2个方面：一是地面生长草甸草类，形成土壤有机质的积累；二是地下水位较浅，土层下部直接受地下水的浸润，有季节性氧化、还原交替过程，因而出现锈纹锈斑。方山县草甸土中的自然土壤极少，大部为农田所利用。农田已没有了草甸植被，只有一些芦苇、稗草、狗尾草、蒿类和旋花草等喜湿性杂草，因而本县的草甸土中一般没有腐殖质层，也没有稳定性的团粒结构。

方山县的草甸过程有3个特点：

（1）氧化还原交替过程受季节性的影响：北川河两岸的低阶地是河水携带黄土物质沉淀而成，地势较低，地下水埋藏较浅，为1～4米，有些地方小于1米。地下水直接参与土壤的形成过程。在降水季节，地下水位抬高，而在干旱季节，地下水位又下降。在干旱和湿润交替的影响下，土壤中的铁、锰化合物发生移动或局部沉积，在土壤剖面中便出现了锈纹锈斑。

（2）有机质的积累受耕作措施的影响：方山县草甸土虽不受草甸植被的影响，有机质含量没有自然土壤丰富，但是，草甸土所处地带，地势平坦，离村庄较近，便于耕作。于是，合理灌溉，增施粪肥，合理密植，间作豆类等耕作措施，均好于丘陵土壤。因而，草甸土耕作层有机质含量则达到0.727%，比耕种灰褐土性土有机质含量的0.62%高出17.3%。

（3）土壤含盐程度受水质的影响：地下水水质对草甸土的形成也有直接影响。方山县北川河上游多为酸性变质岩地质，地下水位的矿化度较低，因而，两岸形成的草甸土含盐极低，一般无盐化现象。

2. 草甸土的特征 草甸土的自然土壤，是在腐殖质积累和潴育化过程下形成的具有腐殖质层和潴玉层的半水成土壤。方山县的草甸土均被垦殖，因而只有潴玉层，也叫锈纹锈斑，为明显的诊断层。腐殖质层多被耕作层所代替了。

草甸土的水分含量较高，但在一年中随着生物气候的变化而有明显的季节性变化。大致可分为3个时期：一是水分消耗时期：从4月中旬土壤解冻时开始，到6月下旬雨季之前止，共2个多月。这段时间内，气温逐渐升高，风大，水分蒸发和蒸腾加快，而降水很小，因此土壤含水量渐减，地下水位相应地下降；二是水分补给时期：从7月上旬雨季开始，到11月上旬土壤开始上冻为止，约4个多月。这段时期，植物生长旺盛，气温高，不但弥补了前期的亏损，满足了植物蒸腾与土壤蒸发的需要，还可以贮存一部分水分；三是冻结时期：从11月上旬开始，到翌年4月中旬为止，约5个多月。这一时期土壤呈冻结状态，潜水位有所下降。

从草甸土剖面的水分分布状况看，可自上而下分为易变层、过渡层和稳定层。0～30厘米为易变层。这层土壤的水分受气候和作物的影响较为明显，变化较大，土壤含水量的变幅为10%～25%；30～80厘米为过渡层。这层受气候和作物的影响很小，主要受潜水的湿润影响，土壤的含水量较高，而且比较稳定，一般大于田间持水量。

方山县草甸土由于地下水影响程度的不同，划分为浅色草甸土、沼泽化浅色草甸土3个亚类。

以下按亚类叙述。

3. 灰褐土化草甸土　灰褐土化草甸土是分布在一级阶地稍高处，地下水位 2.5～4 米，由于地下水位的下降，草甸土向灰褐土的过渡类型的土壤。方山县分布在麻地会、土岔则等地，面积很小，全县有 537 亩，占草甸土土类的 2.4%。只有 1 个土属，1 个土种，土属和土均命名为灰褐潮土。

典型剖面描述如下：

典型剖面选自麻地会乡麻地会村圪塄底，海拔 1 213 米，地形为一级阶地，地下水位 4 米。黄土洪积冲积母质。自然植被有芨芨草、甜苣、马齿苋等草本植物。耕作制度为一年一作，宜种玉米、谷子等作物。灌溉条件较好，为保浇水地。

0～16 厘米：浅灰褐色的耕作层，屑粒结构，质地轻壤，疏松多孔，湿润，多植物根。

16～66 厘米：浅灰褐色，质地轻壤，碎块状结构，土体稍紧，湿润，多植物根。

66～102 厘米：浅灰褐色，质地轻壤，碎块状结构，土体稍紧，潮湿，有少量虫孔虫粪，中量植物根。

102～150 厘米：灰棕褐色，质地轻壤，碎块状结构，土体稍紧，较湿，有少量虫孔虫粪，少量植物根。

剖面通体为石灰反应，心土层以下有少量炉渣，表层容重 1.15 克/立方厘米，含水量 15%以上。其理化性状分析见表 3-44。

表 3-44　灰褐潮土的理化性状（1982 年普查数据）

深度（厘米）	有机质（%）	全氮（%）	全磷（%）		pH	碳酸钙（%）	代换量（me/百克土）
			P	P_2O_5			
0～16	0.92	0.052	0.060	0.137	8.1	7.55	6.11
16～66	0.44	0.015	0.057	0.131	8.5	7.98	5.1
66～102	0.41	0.021	0.057	0.131	8.5	8.09	5.1
102～150	0.37	0.018	0.057	0.131	8.2	7.15	5.62

深度（厘米）	机械组成（%）（粒径：毫米）				
	1～0.05	0.05～0.01	0.01～0.005	0.005～0.001	<0.001
0～16	18.0	56.4	4.9	5.9	14.8
16～66	21.0	53.8	5.8	4.6	14.8
66～102	22.5	54.7	4.8	3.2	14.8
102～150	28.8	47.9	6.2	3.4	13.7

灰褐潮土的形态特征可归纳为三点：一是土层深厚，质地轻壤；二是表层为屑粒结构，心土层以下为碎块状或块状结构，土壤含水量自上而下逐渐提高；三是土体上部一般有灰褐土化过程，下部为草甸土成土过程，深部有干湿交替、氧化还原过程，有铁锈斑纹，有的剖面则不明显。

灰褐潮土为较好的农业土壤，应进一步提高其园田化水平，建成高产稳产的基本农田。

4. 浅色草甸土 浅色草甸土是指地下水直接参与成土过程，而地表有机质积累少，因而是土壤颜色较浅的土壤。据化验分析，这类土壤的表层有机质含量大多在1%以下，仅有个别土种可达1.5%左右。有机质含量较少的原因，与河流沉积母质历史短，而又被人类开垦，未经过自然植被积累阶段的缘故。这类土壤在季风气候影响下，地下水升降变幅较大，因而，干湿交替、冻融交替、氧化还原交替比较明显，土体中、下部大多留下了锈纹锈斑的痕迹。

方山县浅色草甸土分布在北川河两岸的一级阶地和神堂沟两岸，面积为17 084亩，占草甸土土类的75.6%。根据其土壤质地、成土过程和土体厚度等有关依据，划分为3个土属、8个土种。以下按土属、土种叙述形态特征：

(1) 河沙土：河沙土是分布于靠近河边，质地为沙质的一类浅色草甸土。方山县分布在马坊、方山、麻地会、圪洞、峪口等乡（镇），面积为11 001亩，占浅色草甸土亚类的64.4%。地下水位在2.5米左右。根据土体厚度和沙砾石出现部位，又分为3个土种：

①河沙土。是通体为沙质土壤的土种。分布于马坊、方山、后则沟、胡堡、糜家塔、建军庄、西山等地，面积为8 117亩，占73.8%。是河沙土的典型土种。

②砾石体河沙土。质地沙质，砾石分布于浅位厚层的土种。分布于树林则、刘家坡、王家沟等地，面积为766亩，占7%。例如马坊公社树林则大队村东南庙滩里的砾石体河沙土，距地表38厘米以上为沙质土，以下为砾石层，地下水为2.5米。

③沙砾石地河沙土。是土壤质地沙质，沙砾石分布于深位中厚层的土种。分布于大西沟、古贤、横泉、圪针湾等地，面积为2 118亩，占19.2%。例如麻地会公社大西沟大队水磨湾的沙砾石底河沙土，离地表52厘米以上为沙质土壤，52～59厘米为沙砾石层，59厘米以下为沙砾石层，地下水位为2米。3个土种除土层厚度及沙砾石分布位置不同外，其余形态特征相似。现以河沙土典型土种加以叙述。

典型剖面采自方山公社方山大队南门外，紧靠北川河的一级阶地上。海拔为1 300米。黄土冲积洪积母质。地下水位为2.5米。自然植被有狗尾草、水稗等耐湿性植物。耕作制度为一年一作，宜种玉米、谷子、山药等作物。

0～16厘米：灰褐棕色的耕作层，质地沙壤，屑粒结构，疏松多孔，湿润，多植物根。

16～60厘米：灰棕色，质地沙壤，碎块状结构，土体稍紧，湿润，多蚯蚓活动，有中量植物根。

60～100厘米：灰棕色，质地沙壤，碎块状结构，土体紧实，湿润，多蚯蚓活动，有中量植物根。

100～130厘米：灰棕色，质地沙壤，碎块状结构，土体稍紧，湿润，多铁锈斑纹，少量植物根。

130～150厘米：灰棕色，质地轻壤，块状结构，土体紧实，湿润，多铁锈斑纹，少量植物根。

剖面通体石灰反应较强，表层土壤容重为1.23克/立方厘米。其理化性状分析结果见表3-45。

表 3-45　河沙潮土的理化性状（1982 年普查数据）

深度（厘米）	有机质（%）	全氮（%）	全磷（%）		pH	碳酸钙（%）	代换量（me/百克土）
			P	P_2O_5			
0～16	0.60	0.090	0.091	0.206	7.9	6.9	3.61
16～60	0.52	0.062	0.070	0.160	8.0	7.9	7.64
60～100	0.32	0.026	0.087	0.199	8.0	8.2	3.36
100～130	0.39	0.028	0.055	0.126	8.0	7.3	3.61
130～150	0.56	0.040	0.068	0.156	7.9	11.51	9.67

深度（厘米）	机械组成（%）（粒径：毫米）				
	1～0.05	0.05～0.01	0.01～0.005	0.005～0.001	<0.001
0～16	22.0	54.3	6.2	6.1	11.4
16～60	19.0	55.0	5.7	6.6	13.7
60～100	28.1	51.1	3.4	6.0	11.4
100～130	32.0	46.4	4.6	5.6	11.4
130～150	23.0	24.9	17.8	15.4	18.9

河沙土的形态特征可归纳为 3 点：一是土质为沙质或沙壤，保水保肥性能较差，尤其是沙砾石底和沙砾石体 2 个土种，有漏水漏肥现象；二是有机质含量低，一般为 0.6%～0.9%，相应地全氮的含量也不高，一般为 0.06%～0.09%，相应地全氮的含量也不高，一般为 0.06%～0.09%，因而表层土壤为屑粒结构；三是全剖面呈石灰反应，pH 为 8 左右，沉积母质属层状特性，经耕作后孔隙率甚高。心土层中有蚯蚓活动，影响了冲积物的特征。

河沙土地势平坦，水源充足，宜于耕作。但该土壤肥力不高，保肥保水能力差，因而影响了作物的产量。今后应以多施农家肥、引洪灌溉或客土法，改善耕作层的质地及结构，提高土壤肥力，是可以培育为高产稳产田的。

（2）潮土：潮土是分布于在一级阶地上，质地为壤质一类的土壤，是浅色草甸土的典型土属。分布在树林则、赵庄、圪洞、土岔则等地，面积为 3 482 亩，占浅色草甸土亚类的 20.4%。地下水位为 1.5～2 米。根据其土体厚薄及沙砾石出现部位划为 3 个土种：

①潮土。是剖面通体为壤质土壤的土种，分布在树林则、水沟湾、圪洞、土岔则等地，面积为 2 037 亩，占 58.5%。是潮土土属中的典型土种。

②砾石体潮土。是土壤为壤质，砾石为浅位厚层的土种。分布在赵庄坪上，面积为 260 亩，占 7.5%。离地表 38 厘米以上为沙质壤土，以下为砾石层，地下水位 2 米。

③沙砾石底潮土。是土壤为壤质，沙砾石在深位中厚层的土种。分布在津良庄、古贤、峪口等地，面积为 1 185 亩，占 34%。例如方山乡刘家湾村河滩地的砾石底潮土，土体深度为 110 厘米，质地轻壤；110 厘米以下为沙砾石层。地下水位为 1.5 米，心土层以下有明显的锈色斑纹。

现以潮土土种为例叙述其形态特征：

典型剖面选自圪洞镇圪洞村河畔地，地形为一级阶地，海拔为 1 130 米。母质为黄土冲积洪积物。地下水位为1.2米。自然植被有狗尾草等草本植物。耕作制度为一年一作，宜种玉米、谷子、山药等作物。

0～17厘米：灰褐色耕作层，质地中壤，屑粒结构，疏松多孔，湿润，多植物根。

17～52厘米：浅灰褐色，质地重壤，屑粒块状结构，疏松多孔，湿润，多植物根。

52～85厘米：浅灰褐色，质地中壤，块状结构，土体紧实，较湿，有少量铁锈斑纹，少量植物根。

85～130厘米：浅灰褐色，质地轻壤，块状结构，土体紧实，潮湿，铁锈斑纹很多，有少量植物根。剖面通体有石灰反应，表层土壤容重为1.18克/立方厘米，土壤养分含量较高。具体情况见表3-46。

表3-46 潮土的理化性状（1982年普查数据）

深度（厘米）	有机质（%）	全氮（%）	全磷（%）		pH	碳酸钙（%）	代换量（me/百克土）
			P	P_2O_5			
0～17	1.51	0.091	0.054	0.124	7.7	5.38	6.61
17～52	1.06	0.056	0.067	0.153	7.9	7.54	16.21
52～85	0.61	0.045	0.061	0.139	8.0	8.46	17.72
85～130	0.47	0.031	0.058	0.133	8.0	7.00	17.24

深度（厘米）	机械组成（%）（粒径：毫米）				
	1～0.05	0.05～0.01	0.01～0.005	0.005～0.001	＜0.001
0～17	14.2	38.6	15.9	9.0	22.3
17～52	15.1	32.3	12.0	18.7	21.9
52～85	15.6	53.3	5.8	4.2	20.0
85～130	18.5	54.6	5.9	2.5	18.5

潮土比沙河土肥沃，有机质含量为0.6%～1.5%，全氮含量为0.06%～0.09%，质地轻壤—中壤，保水保肥性能好。今后应继续搞好水利建设和土壤培肥工作，一定会尽快建成旱涝双保险的高产稳产农田。

（3）堆垫潮土：堆垫潮土是人工堆垫成的人工土壤，方山县主要分布在开府乡的神堂沟，方山乡的刘家庄和麻地会乡的桦林坪等地也有零星分布。面积为260亩，占浅色草甸土亚类面积的15.2%。根据堆垫土壤的厚度和质地划分为2个土种：

中层沙质堆垫潮土，分布在神堂沟下游和刘家庄，面积为577亩，占22.2%。

中层壤质堆垫潮土，分布在神堂沟上游和桦林坪，面积为2024亩，占77.8%。

2个土种除质地不同外，其余形态特征一致，现以开府乡神堂沟村井沟的典型剖面加以叙述。这是一块沟谷乱石滩上人工堆垫的人造坪地。海拔为1 680米，地下水位2米。一年一作，宜种山药、谷子等作物，田间杂草有灰条、甜苣等。

0～14厘米：灰棕褐色的耕作层，质地轻壤，碎块状结构，疏松多孔，多植物根。

14～35厘米：棕褐色，质地轻壤，块状结构，土体较紧，有中量植物根。

35～43厘米：灰褐色，质地轻壤，块状结构，土体紧实，有中量植物根。

43～60厘米：灰褐色，质地轻壤，块状结构，土体紧实，有中量铁锈斑纹，少量植物根。

60 厘米以下为砾石卵石底。

剖面通体有石灰反应，通体潮湿，表土土壤容重为 1.0 克/立方厘米。从剖面层次中明显看出是由两次堆垫而成，由于成土时间较短，土壤养分还不高，耕作层的结构还不理想。其化学性状分析结果见表 3-47。

表 3-47　堆垫潮土的化学性状（1982 年普查数据）

深度（厘米）	有机质（%）	全氮（%）	全磷（%）		pH	碳酸钙（%）	代换量（me/百克土）
			P	P_2O_5			
0～14	0.63	0.043	0.050	0.115	8.1	7.76	5.61
14～35	0.30	0.031	0.056	0.128	8.1	7.60	5.61
35～43	0.89	0.067	0.051	0.117	7.8	5.59	7.62
43～60	0.79	0.053	0.056	0.128	8.1	4.58	7.63

堆垫土壤今后继续采取多施农家土粪，间作豆科作物等培肥措施，以便提高其土壤肥力水平。

5. 沼泽化浅色草甸土　沼泽化浅色草甸土是分布于低阶地或河漫滩上，由于地下水位高，表层土壤有时受季节性浸润的一类土壤。分布于开府至峪口一带，面积为 4 974 亩，占草甸土土类面积的 22%。根据其沼泽化程度分 2 个土属：湿潮土和沼泽化草甸土。前者为耕种土壤，其地表虽然受地下水或潜水的浸润，但其是季节性的、短期的，在一般情况下还可以使作物生长发育，开花结果；后者是非耕种土壤，由于地下水位上升到地表，使表层土壤长期处于积水状态，暂不能为农业所利用。以下按土属、土种叙述其形态特征。

（1）湿潮土：湿潮土为能耕种的沼泽化浅色草甸土，面积为 4 707 亩，占沼泽化浅色草甸土亚类的 94.6%。根据土壤质地和沙砾石部位划分为 3 个土种：

①湿潮土。剖面为黄土冲积洪冲积母质，地下水位 1 米左右，雨季上升到地表，土体中有明显的铁锈斑纹，质地轻壤。例如：麻地会乡胡堡村水圪槽地挖的典型剖面，地下水位 1.5 米；0～33 厘米为轻壤，以下为沙壤；0～66 厘米有铁锈斑纹，而且由上而下逐渐增多；剖面通体湿润，而且是上潮下潮；土壤通体紧实，一般为块状结构，耕作层为碎块状结构；通体石灰反应；表层含水量>25%，容重为 1.26 克/立方厘米。在 20 世纪 70 年代中期种过水稻，亩产曾上过 200 千克。因气候高寒，农民不习惯，现又改为旱作，种植豆类、葵花等耐湿作物，产量甚微。湿潮土的分布还有峪口、水沟、赵庄等地。峪口的已退耕还林。该土种的面积为 1 459 亩，占本土属的 31%。

②沙质湿潮土。除质地为沙土外，其余形态特征同湿潮土土种。例如：麻地会乡麻地会村中滩上挖的典型剖面，地下水位 0.8 米；0～87 厘米的剖面通体为沙土，块状结构；土体紧实潮湿，有明显的锈色斑纹；表层水量>25%，容重为 1.2 克/立方厘米。一年一作，种植耐湿作物，产量不高。分布地方还有麻峪、津良庄、糜家塔、古贤等地，面积 2 408 亩，占 51.2%。

③沙砾石体湿潮土。沙砾石为浅位厚层的湿潮土。例如：圪洞镇圪洞村河畔地挖的典

型剖面，地下水位0.4米；0～38厘米为黄土洪积冲积物，38厘米以下为沙砾石；0～10厘米层有铁锈斑纹，10～30厘米层由于地下水的浸润，有灰蓝条纹；质地通体轻壤，片状结构，土体紧实，潮湿；表层含水量>24%，容重为1.2克/立方厘米。这种土壤在干旱年份可以种植，在雨涝年份只有撂荒。这类土壤在吉家庄也有分布，面积为840亩，占17.8%。

湿潮土虽为耕地，由于地表潮湿，难以管理，经常杂草丛生，为有机质积累和养分提高创造了有利条件。据圪洞村典型剖面的化验结果：表层有机质含量达1.4%，全氮含量为0.78%，全磷含量为0.066%，pH为7.9。养分含量较高，盐分含量不高。由于水的矿化度低，春季地表虽见一片白粉，但达不到盐碱化的盐分含量，植物在白粉情况下照样正常生长。这类土壤的限制因子是水分过多。种水稻是改良利用的好办法，但因气候高寒，农民不易接受。另一种方法是搞沟洫台田。再一种方法是种芦苇、杞柳等耐湿植物。

（2）沼泽化草甸土：沼泽化草甸土分布于树林则、里其等河漫滩上的低洼地区，表土经常受地下水或潜水的浸泡，雨季则形成地面积水。面积为267亩，占沼泽化草甸土亚类的5.4%。根据土壤质地和卵石部位划分为2个土种：

①壤质沼泽化草甸土。分布于树林则的塔底湾，面积为191亩，占67.8%。地下水位0.6米。土体深度为53厘米；通体轻壤，团粒、屑粒和块状结构混存，心土层以下布满铁锈斑纹。地表生长着寸草，覆盖度>0.9。

②卵石体沼泽化草甸土。分布于里其的小河滩，面积为76亩，占32.2%。地下水位0.7米。土体深度为32厘米，以下为卵石层。剖面通体为沙质轻壤，块状结构，土体较紧，潮湿。地表生长着寸草和小菊花，覆盖度>0.9。

沼泽化草甸土是良好草场，应防止超载放牧和破坏植被。这类土壤不宜垦殖。

第二节　有机质及大量元素

土壤大量元素背景值的表达方式以各统计单元养分汇总结果的算术平均值和标准差来表示，分别以单体N、P、K表示。表示单位：有机质、全氮用克/千克表示，有效磷、速效钾、缓效钾用毫克/千克表示。

土壤有机质、全氮、有效磷、速效钾等以《山西省耕地土壤养分含量分级参数表》为标准各分6个级别，见表3-48。

表3-48　山西省耕地地力土壤养分分级标准

级　别	Ⅰ	Ⅱ	Ⅲ	Ⅳ	Ⅴ	Ⅵ
有机质（克/千克）	>25.00	20.01～25.00	15.01～20.00	10.01～15.00	5.01～10.00	≤5.00
全氮（克/千克）	>1.50	1.201～1.50	1.001～1.200	0.701～1.000	0.501～0.700	≤0.50
有效磷（毫克/千克）	>25.00	20.01～25.00	15.1～20.0	10.1～15.0	5.1～10.0	≤5.0
速效钾（毫克/千克）	>250	201～250	151～200	101～150	51～100	≤50
缓效钾（毫克/千克）	>1 200	901～1200	601～900	351～600	151～350	≤150
阳离子交换量（厘摩尔/千克）	>20.00	15.01～20.00	12.01～15.00	10.01～12.00	8.01～10.00	≤8.00
有效铜（毫克/千克）	>2.00	1.51～2.00	1.01～1.51	0.51～1.00	0.21～0.50	≤0.20

（续）

级　别	Ⅰ	Ⅱ	Ⅲ	Ⅳ	Ⅴ	Ⅵ
有效锰（毫克/千克）	＞30.00	20.01～30.00	15.01～20.00	5.01～15.00	1.01～5.00	≤1.00
有效锌（毫克/千克）	＞3.00	1.51～3.00	1.01～1.50	0.51～1.00	0.31～0.50	≤0.30
有效铁（毫克/千克）	＞20.00	15.01～20.00	10.01～15.00	5.01～10.00	2.51～5.00	≤2.50
有效硼（毫克/千克）	＞2.00	1.51～2.00	1.01～1.50	0.51～1.00	0.21～0.50	≤0.20
有效钼（毫克/千克）	＞0.30	0.26～0.30	0.21～0.25	0.16～0.20	0.11～0.15	≤0.10
有效硫（毫克/千克）	＞200.0	100.1～200	50.1～100.0	25.1～50.0	12.1～25.0	≤12.0
有效硅（毫克/千克）	＞250.0	200.1～250.0	150.1～200.0	100.1～150.0	50.1～100.0	≤50.0
交换性钙（克/千克）	＞15.00	10.01～15.00	5.01～10.0	1.01～5.00	0.51～1.00	≤0.50
交换性镁（克/千克）	＞1.00	0.76～1.00	0.51～0.75	0.31～0.50	0.06～0.30	≤0.05

一、含量与分布

（一）有机质

土壤有机质是土壤肥力的重要物质基础之一。土壤中的动植物、微生物残体和有机肥料是土壤有机质的基本来源。经过微生物分解和再合成的腐殖质是有机质的主要成分。占有机质总量的70%～90%。土壤有机质是植物营养元素的源泉，调节着土壤营养状况，影响着土壤中水、肥、气、热的各种性状。同时，腐殖质参与了植物的生理和生化过程，并且具有对植物产生刺激或抑制作用的特殊功能。有机质还能改善沙土过沙、黏土过紧等不良物理性状，因此，土壤有机质含量通常作为衡量土壤肥力的重要指标。

方山县耕地土壤有机质含量变化为2.04～25.34克/千克，平均值在10.68克/千克，属四级水平。见表3-49。

（1）不同行政区域：麻地会乡平均值最高，为12.14克/千克；其次是北武当，平均值为10.66克/千克；最低是积翠乡，平均值为8.97克/千克。

（2）不同地形部位：丘陵低山中、下部及坡麓平坦地平均值最高，为10.11克/千克；最低是低山丘陵坡地，平均值为9.62克/千克。

（3）不同土壤类型：棕壤最高，平均值为19.16克/千克；红黏土最低，平均8.68克/千克。

（二）全氮

氮素是植物生长所必需的三要素之一。土壤中氮素的积累，主要来源是动植物残体，施入的肥料，土壤中微生物的固定以及大气降水进入土壤中的氮素。

土壤中氮素的形态有无机态氮和有机态氮两种类型。无机氮很容易被植物吸收利用，是速效性养分，一般占全氮量的5%左右；有机态氮不能直接被植物吸收利用，必须经过微生物的分解转变为无机态氮以后，才能被植物吸收利用，是迟效养分，一般占全氮量的95%左右。

方山县土壤全氮含量变化范围为0.23～1.15克/千克，平均值为0.65克/千克，属五级水平。见表3-49。

表 3-49　方山县耕地地力土壤养分

类别		有机质（克/千克）		全氮（克/千克）		有效磷（毫克/千克）		速效钾（毫克/千克）		缓效钾（毫克/千克）	
		平均值	区域值	平均值	区域值	平均值	区域值	平均值	区域值	平均值	区域值
行政区域	圪洞镇	9.61	2.04～21	0.54	0.23～1.3	9.63	6.75～23.07	132.39	90.20～214.06	736.04	384.20～1 020.58
	马坊镇	9.53	3.69～23.64	0.62	0.28～1.11	11.10	7.74～30.05	137.32	83.67～254.26	1053.59	899.95～1 199.95
	峪口镇	10.62	4.35～19.30	0.62	0.28～1.15	10.85	5.43～33.35	134.05	83.67～210.80	829.74	660.79～1 160.09
	大武镇	9.75	3.69～22.32	0.64	0.37～1.02	9.77	4.71～35.00	150.98	104.26～217.33	773.76	467.20～980.72
	北武当镇	10.66	5.00～17.32	0.63	0.32～0.99	10.28	7.74～23.07	134.20	77.130～30.00	814.24	720.58～960.79
	积翠乡	8.97	1.71～18.31	0.73	0.32～1.07	8.39	6.42～21.42	128.45	60.80～190.30	842.31	337.93～1 199.95
	麻地会	12.14	4.02～25.34	0.74	0.44 ～1.14	8.91	5.00～17.41	147.56	86.93～217.33	885.69	600.00～1 100.30
土壤类型	潮土	10.86	6.66～22.32	0.66	0.36～0.10	11.27	5.00～27.74	138.443	83.67～214.06	968.95	620.93～1 120.23
	粗骨土	11.02	5.01～18.31	0.58	0.31～0.81	10.85	7.74～15.43	135.82	96.73～240.20	864.66	660.79～1 199.95
	褐土	11.40	6.33～21.99	0.64	0.45～1.06	10.17	6.75～16.09	154.13	104.26～250.00	962.21	660.79～1 100.30
	红黏土	8.68	4.68～16.33	0.65	0.39～0.70	10.36	8.07～15.10	142.16	110.80～173.86	1753.96	740.51～860.09
	黄绵土	10.02	2.04～25.34	0.62	0.23～1.31	9.82	4.47～35.00	139.00	77.13～217.33	784.48	337.93～1 160.09
	栗褐土	9.63	3.03～23.31	0.60	0.23～1.07	9.75	5.00～24.72	133.97	83.67～280.40	835.59	640.86～1 199.95
	棕壤	19.16	11.33～23.64	0.88	0.42～1.11	10.72	9.06～12.08	198.37	154.26～254.26	1083.37	1080.44～1 120.32
地形部位	低山丘陵坡地	9.62	2.04～22.65	0.61	0.24～1.31	9.63	4.71～29.06	137.72	77.13～214.06	794.64	434.00～1 160.09
	沟谷地河流宽谷阶地	10.35	1.71～25.34	0.67	0.31～1.15	10.47	5.00～33.35	139.43	77.13～300.00	892.63	337.93～1 199.95
	丘陵低山中、下部及坡麓平坦地	10.11	1.71～23.64	0.63	0.24～1.11	10.31	5.43～30.71	138.74	60.80～267.33	904.51	384.20～1 199.95
	山地、丘陵（中、下）部的缓坡地段，地面有一定的坡度	10.03	2.04～23.97	0.63	0.23～1.14	10.01	5.43～35.00	140.15	80.40267.33	857.75	434.00～1 199.95

（1）不同行政区域：积翠乡平均值最高，为 0.73 克/千克；其次是大武镇，平均值为 0.64 克/千克；最低是圪洞镇，平均值为 0.54 克/千克。

（2）不同地形部位：沟谷地河流宽谷平均值最高，为 0.67 克/千克；最低是低山丘陵坡地，平均值为 0.61 克/千克。

（3）不同土壤类型：棕壤最高，平均值为 0.88 克/千克；其次是红黏土，平均值为 0.65 克/千克；栗褐土最低，平均值为 0.60 克/千克。

（三）有效磷

磷是动植物体内的不可缺少的重要元素。它对动植物的新陈代谢，能量转化，酸碱反应都起着重要作用，磷还可以促进植物对氮素的吸收利用，所以，磷也是植物所需要的“三要素”之一。

土壤中有效磷所包括的含磷化合物有水溶性磷化合物和弱酸磷化合物。此外，被吸附在土壤胶体上的磷酸根阴离子也可以被代换出来供植物吸收。据有关资料介绍，在北方中性和微碱性土壤上，通常认为，土壤中有效磷（P_2O_5）小于 5 毫克/千克为供应水平较低，5～10 毫克/千克为供应水平中等，大于 15 毫克/千克为供应水平较高。

方山县有效磷含量变化范围为 4.71～35.00 毫克/千克，平均值为 10.13 毫克/千克，属四级水平。见表 3-49。

（1）不同行政区域：峪口镇平均值最高，为 10.88 毫克/千克；其次是北武当镇，平均值为 10.28 毫克/千克；最低是积翠乡，平均值为 8.39 毫克/千克。

（2）不同地形部位：沟谷地河流宽谷平均值最高，为 10.47 毫克/千克；其次是丘陵低山中、下部及坡麓平坦地，平均值为 10.31 毫克/千克；最低是山地、丘陵（中、下）部的缓坡地段，地面有一定的坡度平均值为 10.01 毫克/千克。

（3）不同土壤类型：粗骨土最高，平均值为 10.85 毫克/千克；其次是棕壤，平均值为 10.72 毫克/千克；栗褐土最低，平均值为 9.75 毫克/千克。

（四）速效钾

钾素也是植物生长所必需的重要养分之一。它在土壤中的存在有速效性、迟效性和难溶性的三种形态。能为当季作物利用的主要是速效钾，所以，常以速效钾作为当季土壤钾素供应水平的主要指标。通常认为，土壤速效钾（包括水溶性钾和代换性钾）的含量（以 K_2O 计）小于 80 毫克/千克为供应水平较低，80～150 毫克/千克供应水平为中等，大于 150 毫克/千克供应水平为较高。

方山县土壤速效钾含量变化为 77.13～300.00 毫克/千克，平均值为 128.02 毫克/千克，属四级水平。见表 3-49。

（1）不同行政区域：大武镇最高，平均值为 150.98 毫克/千克；其次是马坊镇，平均值为 137.32 毫克/千克；最低是积翠乡，平均值为 128.45 毫克/千克。

（2）不同地形部位：山地、丘陵（中、下）部的缓坡地段，地面有一定的坡度平均值最高，为 140.15 克/千克；其次是沟谷地河流宽谷，平均值为 139.43 克/千克；最低是低山丘陵坡地，平均值为 137.72 克/千克。

（3）不同土壤类型：棕壤最高，平均值为 198.37 毫克/千克；其次是褐土，平均值为 154.13 毫克/千克；最低是栗褐土，平均值为 133.97 毫克/千克。

（五）缓效钾

方山县土壤缓效钾变化范围 337.93～1 199.95 毫克/千克，平均值为 827.57 毫克/千克，属三级水平。见表 3-49。

（1）不同行政区域：积翠乡平均值最高，为 1 053.59 毫克/千克，其次是大武镇，平均值为 885.69 毫克/千克；最低是马坊镇，平均值为 736.04 毫克/千克。

（2）不同地形部位：丘陵低山中、下部及坡麓平坦地最高，平均值为 904.51 毫克/千克；其次是沟谷地河流宽谷，平均值为 892.63 毫克/千克 ；最低是冲、洪积扇前缘，平均值为 743.6 毫克/千克。

（3）不同土壤类型：棕壤最高，平均值为 932.3 毫克/千克；其次是栗褐土，平均值为 894.2 毫克/千克；最低是低山丘陵坡地，平均值为 794.64 毫克/千克。

二、分级论述

方山县耕地土壤大量元素分级见表 3-50。

（一）有机质

Ⅰ级　有机质含量为大于 25.0 克/千克，面积为 0.053 万亩，占总耕地面积的 0.15%。主要分布于麻地会乡的沟谷地河流宽谷部位上，土壤类型主要是褐土、粗骨土、潮土，种植蔬菜、马铃薯、谷子、玉米等作物。

Ⅱ级　有机质含量为 20.01～25.0 克/千克，面积为 2.39 万亩，占总耕地面积的 6.78%。主要分布在马坊镇、麻地会乡的沟谷地河流宽谷丘陵低山中、下部及坡麓平坦地、沟谷地河流山谷上，土壤类型主要是棕壤，主要作物有马铃薯、玉米、高粱、谷子等。

Ⅲ级　有机质含量为 15.01～20.0 克/千克，面积为 1.39 万亩，占总耕地面积的 3.97%。主要分布在圪洞镇、马坊镇、峪口镇的低山丘陵坡地、沟谷地河流宽谷、丘陵低山（中、下）部及 坡麓平坦地、山地、丘陵（中、下）部的缓坡地段，土壤类型主要是褐土和潮土，主要作物有玉米、水稻、高粱、马铃薯、谷子等。

Ⅳ级　有机质含量为 10.01～15.0 克/千克，面积为 13.18 万亩，占总耕地面积的 34.36%。分布在全县 7 个乡（镇），主要作物有玉米、高粱、马铃薯、谷子、果树等。

Ⅴ级　有机质含量为 5.01～10.0 克/千克，面积为 19.72 万亩，占总耕地面积的 54.74%。分布在 7 个乡（镇）的低山丘陵坡地、沟谷地河流宽谷、丘陵低山（中、下）部及坡麓平坦地、山地、丘陵（中、下）部的缓坡地段上，主要作物有玉米、果树、药材等。

表 3-50　方山县耕地土壤大量元素分级面积

类别	Ⅰ		Ⅱ		Ⅲ		Ⅳ		Ⅴ		Ⅵ	
	百分比（%）	面积（万亩）	百分比（%）	面积（万亩）	百分比（%）	面积（万亩）	百分比（%）	面积（万亩）	百分比（%）	面积（万亩）	百分比（%）	面积（万亩）
有机质	0.15	0.053	6.78	2.39	3.97	1.39	34.36	13.18	54.74	19.72	0	0
全氮	0	0	0.000 8	0.000 3	0.86	0.3	19.7	6.9	67.14	23.5	12.29	4.3
有效磷	0.21	0.076 4	0.06	0.02	0.26	0.09	45.09	15.78	54.37	19.031 0	0.01	0.002 6

（续）

类别	Ⅰ		Ⅱ		Ⅲ		Ⅳ		Ⅴ		Ⅵ	
	百分比（%）	面积（万亩）	百分比（%）	面积（万亩）	百分比（%）	面积（万亩）	百分比（%）	面积（万亩）	百分比（%）	面积（万亩）	百分比（%）	面积（万亩）
速效钾	0.26	0.09	1.31	0.46	3.58	10.62	56.62	23.03	0.23	0.80	0	0
缓效钾	0	0	36.65	12.87	62.18	21.83	1.17	0.41	0	0	0	0

（二）全氮

Ⅰ级　全氮量大于1.5克/千克，全县无分布。

Ⅱ级　全氮含量为1.201～1.50克/千克，面积为0.000 3万亩，占总耕地面积的0.000 8%。分布在圪洞镇的低山丘陵坡地上，主要土壤类型为褐土。

Ⅲ级　全氮含量为1.001～1.2克/千克，面积为0.30万亩，占总耕地面积的0.86%。分布在马坊镇、峪口镇的低山丘陵坡地、沟谷地河流宽谷、丘陵低山（中、下）部及坡麓平坦地、山地、丘陵（中、下）部的缓坡地段上，主要土壤类型为褐土和潮土。

Ⅳ级　全氮含量为0.701～1.000克/千克，面积为6.9万亩，占总耕地面积的19.7%。分布在全县所有乡（镇），主要土壤类型为潮土、褐土、栗褐土、水稻土和盐土。

Ⅴ级　全氮含量为0.501～0.700克/千克，面积为23.5万亩，占总耕地面积的67.14%。分布在全县各乡（镇），主要土壤类型为潮土、褐土、栗褐土、水稻土和盐土。

Ⅵ级　全氮含量小于0.500克/千克，面积为4.3万亩，占总耕地面积的12.29%。分布在圪洞镇、峪口镇、大武镇等乡（镇）的低山丘陵坡地、沟谷地河流宽谷、丘陵低山（中、下）部及坡麓平坦地、山地、丘陵（中、下）部的缓坡地段上，主要土壤类型为潮土、褐土。

（三）有效磷

Ⅰ级　有效磷含量大于25.00克/千克。全县面积为0.076 4万亩，占总耕地面积的0.21%。分布在峪口镇、马坊镇、大武镇的沟谷地河流宽谷、丘陵低山（中、下）部及坡麓平坦地上，主要土壤为褐土和潮土。

Ⅱ级　有效磷含量为20.1～25.00毫克/千克。全县面积为0.02万亩，占总耕地面积的0.06%。分布在马坊镇、峪口镇、大武镇的沟谷地河流宽谷、丘陵低山中、下部及坡麓平坦地、山地、丘陵（中、下）部的缓坡地段上，主要土壤为褐土和潮土。

Ⅲ级　有效磷含量为15.1～20.0毫克/千克。全县面积为0.09万亩，占总耕地面积的0.26%。分布在圪洞镇、峪口镇、大武镇的低山丘陵坡地、沟谷地河流宽谷、丘陵低山（中、下）部及坡麓平坦地上，主要土壤为褐土和潮土。

Ⅳ级　有效磷含量为10.1～15.0毫克/千克。全县面积为15.78万亩，占总耕地面积的45.09%。分布在全县7个乡（镇），主要土壤类型为褐土、潮土、栗褐土和水稻土。

Ⅴ级　有效磷含量为5.1～10.0毫克/千克。全县面积为19.031 0万亩，占总耕地面积的54.37%。分布在全县7个乡（镇），主要土壤类型为褐土和潮土、栗褐土和盐土。

Ⅵ级　有效磷含量小于5.0毫克/千克，全县面积为0.002 6万亩，占总耕地面积的0.01%。分布在大武镇的低山丘陵坡地上，主要土壤类型为褐土。

(四) 速效钾

Ⅰ级　速效钾含量大于 250 克/千克。全县面积为 0.09 万亩，占总耕地面积的 0.26%。分布在马坊镇、北武当镇的沟谷地河流宽谷、丘陵低山（中、下）部及坡麓平坦地上，主要土壤类型为褐土和潮土。

Ⅱ级　速效钾含量为 201～250 毫克/千克，全县面积为 0.46 万亩，占总耕地面积的 1.31%。分布在圪洞镇、马坊镇、峪口镇、大武镇、麻地会系、北武当镇的沟谷地河流宽谷、丘陵低山（中、下）部及坡麓平坦地上 ，主要土壤类型为潮土和褐土。

Ⅲ级　速效钾含量为 151～200 毫克/千克，全县面积为 10.62 万亩，占总耕地面积的 31.58%。分布在全县 7 个乡（镇），主要土壤类型为潮土和褐土。

Ⅳ级　速效钾含量为 101～150 毫克/千克，全县面积为 23.03 万亩，占总耕地面积 66.62%。分布在全县各乡（镇），主要土壤类型为潮土、褐土、栗褐土和水稻土。

Ⅴ级　速效钾含量为 51～100 毫克/千克，全县面积为 0.80 万亩，占总耕地面积的 0.23%。分布在圪洞镇、马坊镇、峪口镇、积翠乡、麻地会系、北武当镇的低山丘陵坡地、沟谷地河流宽谷、丘陵低山（中、下）部及坡麓平坦地、山地、丘陵（中、下）部的缓坡地段上，主要土壤类型为潮土、褐土、栗褐土和水稻土。

(五) 缓效钾

Ⅰ级　缓效钾含量大于 1 200 毫克/千克，全县无分布。

Ⅱ级　缓效钾含量为 901～1 200 毫克/千克，全县面积为 12.87 万亩，占总耕地面积的 36.65%。分布在全县 7 个乡（镇），主要土壤类型为褐土。

Ⅲ级　缓效钾含量为 601～900 毫克/千克，全县面积为 21.83 万亩，占总耕地面积的 62.18%，分布在全县各乡（镇）。

Ⅳ级　缓效钾含量为 351～600 毫克/千克，全县面积为 0.41 万亩，占总耕地面积的 1.17%。分布在圪洞镇、积翠乡的低山丘陵坡地、沟谷地河流宽谷、丘陵低山（中、下）部及 坡麓平坦地、山地、丘陵（中、下）部的缓坡地段上，主要土壤类型为褐土。

第三节　微量元素

土壤微量元素背景值的表达方式以各统计单元养分汇总结果的算术平均值和标准差来表示，分别以单位 Cu、Zn、Mn、Fe、B、Mo 表示。表示单位为毫克/千克。

土壤微量元素参照全省第二次土壤普查的标准，结合方山县土壤养分含量状况重新进行划分，各分 6 个级别。

一、含量与分布

方山县耕地土壤微量元素分类统计见表 3 - 51。

(一) 有效铜

方山县土壤有效铜含量变化范围为 0.06～2.72 毫克/千克，平均值 0.91 毫克/千克，属四级水平。

表 3-51　方山县耕地土壤微量元素分类统计结果

单位:毫克/千克

类别		有效铜		有效锰		有效锌		有效铁		有效硼		有效钼	
		平均值	区域值	平均值	区域值	平均值	区域值	平均值	区域值	平均值	区域值	平均值	区域值
行政区域	圪洞镇	1.21	0.67～2.20	10.83	7.0～13.66	1.43	0.23～2.72	9.17	4.44～14.00	0.40	0.13～2.27	0.18	0.04～0.44
	马坊镇	0.66	0.48～0.77	6.26	4.95～7.67	1.05	0.87～1.17	5.23	4.78～6.34	0.17	0.17～0.19	0.19	0.16～0.21
	峪口镇	1.38	0.67～1.83	9.52	5.67～13.00	1.37	0.82～2.11	9.20	5.34～13.66	0.25	0.11～0.42	0.16	0.05～0.22
	大武镇	1.01	0.44～2.72	6.88	4.95～9.00	1.05	0.48～2.87	5.64	4.61～7.33	0.17	0.07～0.36	0.19	0.08～0.52
	北武当镇	1.12	0.38～2.66	7.48	4.95～12.33	1.23	0.58～2.56	6.16	3.45～9.33	0.13	0.05～0.22	0.17	0.05～0.44
	积翠乡	0.72	0.42～1.40	6.03	3.09～17.33	1.12	0.51～1.97	5.30	3.78～14.00	0.18	0.07～0.28	0.16	0.05～0.31
	麻地会	0.84	0.28～1.73	13.68	5.67～32.00	1.52	0.54～2.92	7.55	3.78～20.67	0.16	0.09～0.22	0.29	0.13～0.49
土壤类型	潮土	0.85	0.28～1.73	11.12	5.67～32.00	1.37	0.62～2.92	7.25	4.44～20.67	0.17	0.11～0.30		
	粗骨土	0.94	0.06～1.60	8.40	6.34～13.00	1.21	0.87～1.90	7.06	4.78～13.66	0.21	0.13～0.44		
	褐土	1.05	0.38～2.43	8.06	4.15～19.66	1.20	0.58～2.58	6.91	4.28～13.66	0.23	0.05～1.01		
	红黏土	1.06	0.80～1.60	9.82	6.34～11.00	1.36	0.81～1.81	7.59	4.78～12.33	0.52	0.11～1.04		
	黄绵土	1.15	0.36～2.66	9.05	4.95～26.33	1.28	0.48～2.87	7.63	4.44～15.67	0.25	0.05～2.72		
	栗褐土	0.77	0.42～2.72	6.74	3.09～28.65	1.10	0.23～2.56	5.72	3.45～12.00	0.17	0.05～1.33		
	棕壤	0.64	0.64～0.64	6.34	5.34～6.34	1.06	1.00～1.07	5.34	5.34～5.34	0.17	0.17～0.19		
地形部位	低山丘陵坡地	0.11	0.38～2.43	8.81	3.26～23.66	1.23	0.26～2.78	7.55	4.44～14.00	0.28	0.05～2.17		
	沟谷地河流宽谷阶地	0.92	0.28～2.72	8.23	3.35～32.00	1.22	0.26～2.58	6.37	3.78～20.67	0.17	0.05～1.01		
	丘陵低山(中、下)部及坡麓平坦地	0.92	0.38～2.14	8.11	3.62～29.65	1.21	0.24～2.92	6.60	3.95～15.67	0.19	0.05～1.43		
	山地、丘陵(中、下)部的缓坡地段,地面有一定的坡度	0.98	0.36～2.66	8.07	3.09～28.65	1.20	0.23～2.87	6.72	3.45～15.00	0.21	0.05～2.27		

（1）不同行政区域：峪口镇平均值最高，为 1.38 毫克/千克；其次是圪洞镇，平均值为 1.21 毫克/千克；马坊镇最低，平均值为 0.66 毫克/千克。

（2）不同地形部位：山地、丘陵（中、下）部的缓坡地段，地面有一定的坡度最高，平均值 0.98 毫克/千克；最低是低山丘陵坡地，平均值为 0.11 毫克/千克。

（3）不同土壤类型：黄绵土最高，平均值为 1.15 毫克/千克；其次是红黏土，平均值为 1.06 毫克/千克；最低是棕壤，平均值为 0.64 毫克/千克。

（二）有效锌

方山县土壤有效锌含量变化范围为 1.05～1.37 毫克/千克，平均值为 1.23 毫克/千克，属三级水平。

（1）不同行政区域：麻地会乡平均值最高，为 1.52 毫克/千克；其次是圪洞镇，平均值为 1.43 毫克/千克；最低是马坊镇，平均值为 1.05 毫克/千克。

（2）不同地形部位：低山丘陵坡地最高，平均值为 1.23 毫克/千克；最低是山地、丘陵（中、下）部的缓坡地段，地面有一定的坡度，平均值为 1.20 毫克/千克。

（3）不同土壤类型：潮土最高，平均值为 1.37 毫克/千克；其次是红黏土，平均值为 1.36 毫克/千克；最低是栗褐土，平均值为 1.10 毫克/千克。

（三）有效锰

方山县土壤有效锰含量变化范围为 3.09～32.00 毫克/千克，平均值为 8.52 毫克/千克，属四级水平。

（1）不同行政区域：麻地会乡平均值最高，为 13.68 毫克/千克；其次是圪洞镇，平均值为 10.83 毫克/千克；最低是积翠乡，平均值为 6.03 毫克/千克。

（2）不同地形部位：低山丘陵坡地最高，平均值为 8.85 毫克/千克；其次是沟谷地河流宽谷阶地，平均值为 8.23 毫克/千克；最低是洪积扇前缘，平均值为 9.2 毫克/千克。

（3）不同土壤类型：棕壤土最高，平均值为 20.48 毫克/千克；其次是山地、丘陵（中、下）部的缓坡地段，平均值为 14.57 毫克/千克；最低是沟谷地河流宽谷阶地，，平均值为 8.07 毫克/千克。

（四）有效铁

方山县土壤有效铁含量变化范围为 3.45～20.67 毫克/千克，平均值为 6.83 毫克/千克，属四级水平。

（1）不同行政区域：峪口镇平均值最高，为 9.20 毫克/千克；其次是圪洞镇，平均值为 9.17 毫克/千克；最低是马坊镇，平均值为 5.23 毫克/千克。

（2）不同地形部位：低山丘陵坡地最高，平均值为 7.55 毫克/千克；其次是丘陵低山中、下部及坡麓平坦地，平均值为 6.72 毫克/千克；最低是沟谷地河流宽谷阶地，平均值为 6.37 毫克/千克。

（3）不同土壤类型：黄绵土最高，平均值为 7.63 毫克/千克；其次是红黏土，平均值为 7.59 毫克/千克；最低是棕壤，平均值为 5.34 毫克/千克。

（五）有效硼

方山县土壤有效硼含量变化范围为 0.05～2.27 毫克/千克，平均值为 0.22 毫克/千克，属五级水平。

（1）不同行政区域：圪洞镇平均值最高，为 0.40 毫克/千克；其次是峪口镇，平均值为 0.25 毫克/千克；最低是北武当镇，平均值为 0.13 毫克/千克。

（2）不同地形部位：低山丘陵坡地平均值最高，为 0.28 毫克/千克；最低是河河谷地河流宽谷阶地，平均值为 0.17 毫克/千克。

（3）不同土壤类型：红黏土最高，平均值为 0.52 毫克/千克；其次是黄绵土，平均值为 0.25 毫克/千克；最低是棕壤土、栗褐土、潮土，平均值为 0.17 毫克/千克。

二、分级论述

方山县耕地土壤微量元素分级，见表 3 - 52。

表 3 - 52　方山县耕地土壤微量元素分级面积

类别	Ⅰ		Ⅱ		Ⅲ		Ⅳ		Ⅴ		Ⅵ	
	百分比（%）	面积（万亩）	百分比（%）	面积（万亩）	百分比（%）	面积（万亩）	百分比（%）	面积（万亩）	百分比（%）	面积（万亩）	百分比（%）	面积（万亩）
有效铜	0.34	0.12	9.54	3.53	31.4	10.84	57.50	20.19	1.22	0.43	0	0
有效锌	0	0	18.06	6.43	61.95	21.50	19.68	6.91	0.14	0.05	0.17	0.06
有效铁	0.03	0.01	0.09	0.03	13.39	4.70	77.09	27.06	9.40	3.3	0	0
有效锰	0.04	0.01	1.29	0.45	1.54	0.54	95.64	33.58	1.49	0.52	0	0
有效硼	0.06	0.02	0.09	0.03	0.74	0.26	1.14	0.40	17.69	6.21	80.28	28.20
有效钼	0.79	0.26	6.37	2.09	13.60	4.46	55.49	18.20	20.27	6.65	3.48	1.14

（一）有效铜

Ⅰ级　有效铜含量大于 2.00 毫克/千克，全县面积为 0.12 万亩，占总耕地面积的 0.34%。分布在圪洞镇、大武镇、北武当镇的低山丘陵坡地、沟谷地河流宽谷、山地、丘陵（中、下）部的缓坡地段上，主要土壤类型为潮土、褐土、水稻土和盐土。

Ⅱ级　有效铜含量为 1.51～2.00 毫克/千克，全县面积为 3.53 万亩，占总耕地面积的 9.54%。分布在圪洞镇、峪口镇、大武镇、北武当镇的低山丘陵坡地、沟谷地河流宽谷、丘陵低山（中、下）部及坡麓平坦地、山地、丘陵（中、下）部的缓坡地段上，主要土壤类型为潮土、褐土。

Ⅲ级　有效铜含量为 1.01～1.50 毫克/千克，全县面积为 10.84 万亩，占总耕地面积的 31.4%。分布在圪洞镇、峪口镇、大武镇、麻地会乡、积翠乡、北武当镇的低山丘陵坡地、沟谷地河流宽谷、丘陵低山（中、下）部及坡麓平坦地、山地、丘陵（中、下）部的缓坡地段上。

Ⅳ级　有效铜含量为 0.51～1.00 毫克/千克，全县面积为 20.19 万亩，占总耕地面积的 57.50%。分布在全县各个乡（镇），主要土壤类型为褐土。

Ⅴ级　有效铜含量为 0.06～2.72 毫克/千克，全县面积为 0.43 万亩，占总耕地面积的 1.22%。分布在大武镇、麻地会乡、积翠乡、北武当镇、马坊镇的低山丘陵坡地、沟谷地河流宽谷、丘陵低山（中、下）部及坡麓平坦地、山地、丘陵（中、下）部的缓坡地段上。

（二）有效锰

Ⅰ级 有效锰含量在大于 30 毫克/千克，全县面积为 0.01 万亩，占总耕地面积的 0.04%。分布在麻地会乡的沟谷地河流宽谷上，土壤类型为褐土。

Ⅱ级 有效锰含量为 20.01～30.00 毫克/千克，全县面积 0.45 万亩，占总耕地面积的 1.29%。分布在麻地会乡的低山丘陵坡地、沟谷地河流宽谷、丘陵低山（中、下）部及坡麓平坦地、山地、丘陵（中、下）部的缓坡地段上，主要土壤类型为褐土。

Ⅲ级 有效锰含量为 15.01～20.00 毫克/千克，全县面积为 0.54 万亩，占总耕地面积的 1.54%。分布在积翠乡、麻地会乡的低山丘陵坡地、沟谷地河流宽谷、丘陵低山（中、下）部及坡麓平坦地、山地、丘陵（中、下）部的缓坡地段上，主要土壤类型为褐土。

Ⅳ级 有效锰含量为 5.01～15.01 毫克/千克，全县面积为 33.58 万亩，占总耕地面积的 95.64%，分布在全县各乡（镇）。

Ⅴ级 有效锰含量为 1.01～5.00 毫克/千克，全县面积为 0.52 万亩，占总耕地面积的 1.49%。分布在马坊镇、大武镇、北武当镇、积翠乡的低山丘陵坡地、沟谷地河流宽谷、丘陵低山（中、下）部及坡麓平坦地、山地、丘陵（中、下）部的缓坡地段上，主要土壤类型为褐土。

（三）有效锌

Ⅰ级 有效锌含量大于 3.00 毫克/千克，全县无分布。

Ⅱ级 有效锌含量为 1.51～3.00 毫克/千克，全县面积为 6.43 万亩，占总耕地面积的 18.06%。分布在圪洞镇、大武镇、北武当镇、积翠乡、麻地会乡、峪口镇的低山丘陵坡地、沟谷地河流宽谷、丘陵低山（中、下）部及坡麓平坦地、山地、丘陵（中、下）部的缓坡地段上，主要土壤类型为褐土和潮土。

Ⅲ级 有效锌含量为 1.01～1.50 毫克/千克，全县面积为 21.50 万亩，占总耕地面积的 61.95%。分布在全县各乡（镇）。

Ⅳ级 有效锌含量为 0.51～1.00 毫克/千克，全县面积为 6.91 万亩，占总耕地面积的 19.68%。全县各乡（镇）均有分布。

Ⅴ级 有效锌含量为 0.31～0.5 毫克/千克，全县面积为 0.05 万亩，占总耕地面积的 0.14%。分布圪洞镇、大武镇的低山丘陵坡地、沟谷地河流宽谷、丘陵低山（中、下）部及坡麓平坦地上。

Ⅵ级 有效锌含量小于等于 0.30 毫克/千克，全县面积为 0.06 万亩，占总耕地面积的 0.17%。分布在圪洞镇的低山丘陵坡地、沟谷地河流宽谷、丘陵低山（中、下）部及坡麓平坦地、山地、丘陵（中、下）部的缓坡地段上，土壤类型为潮土。

（四）有效铁

Ⅰ级 有效铁含量大于 20.00 毫克/千克，全县面积为 0.01 万亩，占总耕地面积的 0.03%。分布在麻地会乡的沟谷地河流宽谷，主要土壤类型为褐土。

Ⅱ级 有效铁含量为 15.01～20.00 毫克/千克，全县面积为 0.03 万亩，占总耕地面积的 0.09%。分布在麻地会乡的沟谷地河流宽谷、丘陵低山（中、下）部及坡麓平坦地、山地、丘陵（中、下）部的缓坡地段上，主要土壤类型为褐土。

Ⅲ级 有效铁含量为 10.01～15.00 毫克/千克，全县面积为 4.70 万亩，占总耕地面积的 13.39%。分布在圪洞镇、峪口镇、积翠乡、麻地会乡的低山丘陵坡地、沟谷地河流宽谷、丘陵低山（中、下）部及坡麓平坦地、山地、丘陵（中、下）部的缓坡地段上，主要土壤类型为褐土。

Ⅳ级　有效铁含量为 5.01～10.00 毫克/千克，全县面积为 27.06 万亩，占总耕面积的 9.40%，分布在圪洞镇、马坊镇、大武镇、积翠乡、麻地会乡、北武当镇的低山丘陵坡地、沟谷地河流宽谷、丘陵低山（中、下）部及坡麓平坦地、山地、丘陵（中、下）部的缓坡地段上。

Ⅴ级　有效铁含量为 2.51～5.00 毫克/千克，全县面积 3.3 万亩，占总耕地面积的 9.40%。分布在圪洞镇、大武镇、北武当镇。

Ⅵ级　有效铁含量为 1.25～2.51 毫克/千克，全县无分布。

（五）有效硼

Ⅰ级　有效硼含量大于 2.00 毫克/千克，全县面积为 0.01 万亩，占总耕地面积的 0.03%。主要分布在圪洞镇的低山丘陵坡地、山地、丘陵（中、下）部的缓坡地段上土壤类型为潮土。

Ⅱ级　有效硼含量为 1.51～200 毫克/千克，全县面积为 0.03 万亩，占总耕地面积的 0.09%。主要分布在圪洞镇的低山丘陵坡地、山地、丘陵（中、下）部的缓坡地段上，土壤类型为潮土。

Ⅲ级　有效硼含量为 1.01～1.50 毫克/千克，全县面积为 0.26 万亩，占总耕地面积的 0.74%。分布在圪洞镇的低山丘陵坡地、沟谷地河流宽谷、丘陵低山（中、下）部及坡麓平坦地、山地、丘陵（中、下）部的缓坡地段上，土壤类型为褐土和潮土。

Ⅳ级　有效硼含量为 0.51～1.00 毫克/千克，全县面积为 0.40 万亩，占总耕地面积的 1.14%。分布在圪洞镇的低山丘陵坡地、沟谷地河流宽谷、丘陵低山（中、下）部及坡麓平坦地、山地、丘陵（中、下）部的缓坡地段上。

Ⅴ级　有效硼含量为 0.21～0.50 毫克/千克，全县面积为 6.21 万亩，占总耕地面积的 17.69%，分布在圪洞镇、峪口镇、北武当镇、积翠乡、麻地会乡、大武镇的低山丘陵坡地、沟谷地河流宽谷、丘陵低山（中、下）部及坡麓平坦地、山地、丘陵（中、下）部的缓坡地段上。

Ⅵ级　有效硼含量小于等于 0.20 毫克/千克，全县面积为 28.20 万亩，占总耕地面积的 80.28%。分布在全县各个乡（镇）。

第四节　其他理化性状

一、土壤 pH

土壤 pH 是指土壤溶液中氢离子浓度，是土壤酸碱程度的反应。土壤酸碱性是土壤的一个重要特性，也是影响土壤肥力和植物生长的一个重要因素。土壤过酸或过碱都不利于有益微生物的活动，从而妨碍土壤养分的转化及其有效性。同时，也会使土壤结构破坏，物理特性变劣，甚至产生有毒物质。总之，土壤酸碱反应对土壤肥力、植物营养状况及其他方面都会产生深刻的影响。因此，在生产中注意改良、调节土壤的酸碱度，搞好因土种植，对提高土地的生产力有着明显的作用。

方山县耕地土壤 pH 变化范围为 8.1～9.35，平均值为 8.65。见表 3-53。

（1）不同行政区域：麻地会乡 pH 平均值最高，为 8.75；其次是北武当镇，pH 平均值为 8.74；圪洞镇 pH 平均值最低，为 8.59。

（2）不同地形部位：低山丘陵坡地 pH 平均值最高，为 8.7；其次是沟谷地河流宽谷阶地，pH 平均值为 8.65；丘陵低山中、下部及坡麓平坦地 pH 最低，为 8.63。

（3）不同土壤类型：粗骨土、黄绵土最高，pH 平均值为 8.68；其次是褐土，pH 平均值为 8.67；棕壤 pH 最低，为 8.57。

在土壤剖面中 pH 的垂直分布情况一般是表土层较低，心土层和底土层略高，这种现象是和表层有机质含量较高及淋溶作用有关的。

表 3-53　方山县耕地土壤 pH 平均值分类统计结果

类别		pH
行政区域	圪洞镇	8.59
	马坊镇	8.69
	峪口镇	8.60
	大武镇	8.64
	北武当镇	8.74
	积翠乡	8.73
	麻地会	8.75
土壤类型	潮土	8.64
	粗骨土	8.68
	褐土	8.67
	红黏土	8.62
	黄绵土	8.68
	栗褐土	8.63
	棕壤	8.57
地形部位	低山丘陵坡地	8.7
	沟谷地河流宽谷阶地	8.65
	丘陵低山中、下部及坡麓平坦地	8.63
	山地、丘陵（中、下）部的缓坡地段，地面有一定的坡度	8.64

各种作物对土壤酸碱度都有一定的适应范围，方山县土壤一般呈微碱性，对作物生长没有什么不良影响，但微碱性土壤能降低土壤中磷酸盐的有效性，使其形成磷酸钙沉淀。为此，施磷肥时，要充分沤制，以减少土壤对磷素的固定，使肥效提高。

二、耕层质地

土壤质地是土壤的重要物理性质之一，不同的质地对土壤肥力高低、耕性好坏、生产性能的优劣具有很大影响。

土壤质地也称土壤机械组成，指不同粒径在土壤中占有的比例组合。根据卡庆斯基质地分类，粒径大于 0.01 毫米为物理性沙粒，小于 0.01 毫米为物理性黏粒。根据其沙黏含量及其比例，主要可分为沙土、沙壤、轻壤、中壤、重壤、黏土 6 级。见表 3-54。

表 3-54　方山县土壤耕层质地概况

质地类型	耕种土壤（亩）	占耕种土壤（%）
松沙土	13 956.77	3.97
沙壤土	156 978.09	44.73
轻壤十	82 161.44	23.39
轻黏土	98 021.13	27.91
合计	351 117.43	100

方山县耕层土壤质地主要为松沙土、沙壤土、轻壤土、轻黏土。方山县沙壤土面积居首位，占到全县总面积的 44.73%。其中轻壤（俗称绵土）物理性沙粒大于 55%，物理性黏粒小于 45%，沙黏适中，大小孔隙比例适当，通透性好，保水保肥，养分含量丰富，有机质分解快，供肥性好，耕作方便，通耕期早，耕作质量好，发小苗也发老苗，因此，一般壤质土，水、肥、气、热比较协调，从质地上看，是农业上较为理想的土壤。

沙壤土占全县耕地地总面积的 44.73%，其物理性沙粒高达 80%以上，土质较沙，疏松易耕，粒间孔隙度大，通透性好，但保水保肥性能差，抗旱力弱，供肥性差，前劲强后劲弱，发小苗不发老苗。

轻壤土占方山县耕地总面积的 23.39%，轻黏土占方山县耕地总面积的 27.91%。

三、土体构型

土体构型是指不同质地的土层上下排列情况。它对水、肥、气、热等各个肥力因素有制约和调节作用，特别对土壤水、肥储藏与流失有较大影响。因此，良好的土体构型是土壤肥力的基础。

方山县土壤的土体构型，因其母质类型和发育程度的不同而变化较大。按其土层厚度、上下层质地组成、松紧状况等的不同，归纳为以下 4 种类型，通体型、薄层型、夹层型和埋藏型。

通体型：土体较厚，全剖面上下质地基本均匀，叫通体构型。一是通体壤质型，发育于黄土及黄土状物质上的土壤，多属此类型，发育良好的林区土壤也属此类型。其特点是土体较厚、上下均匀，多为轻壤；耕种土壤，除有不太明显的犁底层外，层次分化很不明显，保供水肥能力较好，土温变化不大，水、肥、气、热等因素之间的关系较为协调；二是通体沙质型，发育于河流冲击物上的土壤多属此类型。特点是，土体较厚，质地沙壤，总空隙少，通气不良，土温变化迅速，保供水、肥能力较差；三是通体黏质型，发育于红土母质上的土壤属此类型。其特点是土体较厚，土性僵硬；耕种土壤，除表层因耕作熟化质地变得较为松软外，通体颗粒排列致密而紧实，土温变化小而性冷，通气透水性差，保水保肥能力强而供水供肥能力弱。

薄层型：土体厚度在30厘米之内，质地一致的叫薄层型。方山县分为2个亚类：山地薄层型，发育于残积母质上的山地土壤；河滩薄层型，分布于河流两侧的薄层土壤。后者，土壤下面是河卵石，漏水漏肥严重，因此又称漏沙型。其共同特点是：土体浅薄，多夹有砾石或岩屑，供保水肥能力差，土温变化较大，水、肥、气、热等肥力因素之间的关系不协调。山地薄层土壤，多为林、牧地或荒坡，农业利用少；河滩薄层土壤，一般为农田，但因漏肥漏水，产量不高。

夹层型：土体中间夹有较为悬殊的质地，称夹层型。方山县有2个亚类：一是夹沙型，冲积—洪积母质上的土壤有此类型；二是夹砂姜型，黄土和黄土母质上发育的土壤有此类型。夹砂姜型的，因砂姜含量少而对土壤性质影响不大。夹沙的，对通气透水和供水供肥有明显的影响。如果所夹沙层厚度大于30厘米以上，又演变为漏沙型土壤。总而言之，土壤中有夹层总是障碍因素。

埋藏型：在土体下部埋藏着肥沃土壤的叫埋藏型，也称蒙金型。是一种较好的土壤构型。方山县的埋藏物有两种：一种是轻壤以下埋藏着红土或红黄土，上层耕性好，易捉苗，下层供水供肥能力强，庄稼一生的长势壮而不衰。群众对这种土壤的评价是："沙盖垆，旱涝都不愁，年年保丰收"。另一种是轻壤以下埋藏着黑垆土，轻壤疏松易耕作，黑垆土肥力高，有持久的供肥性能。真是种上蒙金土，产量没法估。

方山县土体构型的概况是：通体型＞薄层型＞埋藏型＞夹层型

综上所述，方山县耕种土壤中的土体构型可分为3类：通壤型、蒙金型都是比较好的土壤构型，属于第一类；夹砂姜型、通黏型虽不及上述2种构型，但对作物生长发育影响不大。通黏型还有对作物后期生长有利的优点。因此，这两种属第二类；第三类是漏沙型和通沙型。这2种土体构型的共同特点是，土体中缺乏有机质、无机胶体，土壤黏结性差，有机质分解快，发挥也快，保水保肥性差，能力低。漏沙土，虽然表层为轻壤或中壤，但因心土以下为沙壤或沙层，土壤中的水肥到这一层后便很快流失了，对这类的土壤，不能盲目深耕，不要打破犁底层，否则会加速水肥渗透。有条件的生产单位，应采取引洪和堆垫方法，加厚壤质表土层。

四、土壤容重及孔隙度

方山县耕作层土壤容重为1.0～1.4克/立方厘米，对多数作物来说，土壤容重在1.0～1.3克/立方厘米较为适宜，故全县土壤容重较为理想。但是，造成耕作层土壤容重较低的原因并不是因为全县土壤含有较多的有机质（实际含量较差），而是由于全县耕作土壤主要发育在黄土及黄土状母质上。而黄土母质具有疏松、多孔、容重较低（为1.25～1.35克/立方厘米）的特点。

方山县土壤孔隙度的变幅为47%～62%，而适宜的土壤孔隙度为52%～56%。

方山县耕作层土壤孔隙度为47%～58%，是比较适宜的。对于个别容重偏高或偏低的土壤，今后可采取客土调剂以及增施有机肥的办法，加以改善，使土壤有较适宜的"三相比"（固、液、气）。

五、土壤结构

构成土壤骨架的矿物质颗粒，在土壤中并非彼此孤立、毫无相关的堆积在一起，而往往是受各种作物胶结成形状不同、大小不等的团聚体。各种团聚体和单粒在土壤中的排列方式称为土壤结构。

土壤结构是土体构造的一个重要形态特征。它关系着土壤水、肥、气、热状况的协调，土壤微生物的活动、土壤耕性和作物根系的伸展，是影响土壤肥力的重要因素。

方山县土壤结构的主要类型有块状、柱状、片状、屑粒和团粒结构等五种。本县耕种土壤中土壤结构的各层分布情况是：

活土层亦称耕作层。由于有机质含量不高，团粒结构比明显，绝大多数为屑粒状结构，发育不良的尚有碎块状或片状结构。这些多与土壤熟化程度不高有关。

心图层。多为块状结构，并有少量呈屑粒或核状结构，此类结构的通气透水性和持水能力均不佳。

底土层。黄土和黄土状母质的多为柱状结构，这种有利于土壤的通气透水，但易漏水漏肥。其他母质的多为块状结构。

方山县土壤的不良结构主要有：

1. 板结　在雨后或灌水后极易发生。其原因，轻壤土和中壤土是由于土壤中质地均一轻细，重壤土是由于土壤的黏粒较多，沙壤是因为中壤土中缺乏有机质之故。

2. 土疙瘩　质地黏重的红土及红黄土易产生。上述两种性状，往往影响作物出苗和幼苗生长。

3. 犁底层　在长期耕作过程中，由于机械、水力和重力作用，在活土层下面出现了一层比较紧实的犁底层，平地较重，坡地较轻，多为片状和鳞片状结构，妨碍通气透水和根系下扎。

改善上述不良结构，创造良好的土壤结构，是农业增产不可忽视的一个重要方面。其办法有深耕深翻，挖丰产沟，增施有机肥，种压绿肥，引洪灌溉，饲放蚯蚓等多种措施。

土壤结构是影响土壤孔隙状况、容重、持水能力、土壤养分等的重要因素，因此，创造和改善良好的土壤结构是农业生产上夺取高产稳产的重要措施。

第五节　耕地土壤属性综述与养分动态变化

一、耕地土壤属性综述

2009—2011年，方山县3 300个样点土壤测定结果表明，耕地土壤有机质平均含量为

10.68 克/千克，范围 2.04～25.34 克/千克，四级水平；全氮平均含量为 0.65 克/千克，范围 0.23～1.15 克/千克，五级水平；有效磷平均含量为 10.13 毫克/千克，范围 4.71～35.00 毫克/千克，四级水平；速效钾平均含量为 128.02 毫克/千克，范围 77.13～300.00 毫克/千克，四级水平；缓效钾平均含量为 827.57 毫克/千克，范围 337.93～1199.95 毫克/千克，三级水平；有效铁平均含量为 6.83 毫克/千克，范围 3.45～20.67 毫克/千克，四级水平；有效锰平均值为 8.52 毫克/千克，范围 3.09～32.00 毫克/千克，四级水平；有效铜平均含量为 0.91 毫克/千克，范围 0.06～2.72 毫克/千克，四级水平；有效锌平均含量为 1.23 毫克/千克，范围 1.05～1.37 毫克/千克，三级水平；有效硼平均含量为 0.22 毫克/千克，范围 0.05～2.27 毫克/千克，五级水平；pH 平均值 8.65，范围 8.1～9.35。见表 3-55。

表 3-55 方山县耕地土壤养分总体统计结果

项目名称	单位	最大值	最小值	平均值
pH		9.35	8.1	8.65
有机质	克/千克	2.04	25.34	10.68
全氮	克/千克	0.23	1.15	0.65
有效磷	毫克/千克	4.17	35.00	10.13
缓效钾	毫克/千克	337.93	1 199.95	827.57
速效钾	毫克/千克	77.13	300.00	128.02
有效铁	毫克/千克	3.45	20.67	6.83
有效锰	毫克/千克	3.09	32.00	8.52
有效铜	毫克/千克	0.06	2.72	0.91
有效锌	毫克/千克	1.05	1.37	1.23
有效硼	毫克/千克	0.05	2.27	0.22

二、有机质及大量元素的演变

随着农业生产的发展及施肥、耕作经营管理水平的变化，耕地土壤有机质及大量元素也随之变化。与 1982 年全国第二次土壤普查时的耕层养分测定结果相比，土壤有机质平均含量 10.65 克/千克，属四级水平，比第二次土壤普查 27.1 克/千克减小了 16.45 克/千克；全氮平均含量 0.65 克/千克，属四级水平，比第二次土壤普查 11.42 克/千克减小了 0.77 克/千克；有效磷平均含量 10.13 毫克/千克，属四级水平，比第二次土壤普查 5.38 毫克/千克减少了 4.75 毫克/千克；速效钾平均含量 128.02 毫克/千克，属四级水平，比第二次土壤普查117.5毫克/千克增加了10.52毫克/千克。见表3-56。

表3-56　方山县耕地土壤养分动态变化

项目			总体变化状况	土壤类型（土类）						
				红黏土	棕壤	粗骨土	栗褐土	褐土	潮土	黄绵土
有机质	第二次土壤普查		27.1	7.9	13.2	8.6	11.6	8.9	14.7	7.5
	大田	本次调查	10.65	8.68	19.16	11.02	9.63	11.4	10.86	10.02
		增减	−16.45	+0.78	+5.96	+2.42	−1.97	+2.5	−3.84	+2.52
全氮	第二次土壤普查		1.42	0.57	0.72	0.5	0.72	0.63	0.6	0.52
	大田	本次调查	0.65	0.65	0.88	0.58	0.6	0.64	0.66	0.62
		增减	−0.77	+0.08	+0.16	+0.08	−0.12	+0.01	+0.06	+0.1
有效磷	第二次土壤普查		5.38	6.9	3.3	6.5	7.1	8.9	9.5	4.9
	大田	本次调查	10.13	10.36	10.72	10.85	9.75	10.17	11.27	9.82
		增减	−4.75	−3.46	−7.42	−4.35	−2.65	−1.27	−1.77	−4.92
速效钾	第二次土壤普查		117.5	291.3	290	177.2	243.7	246	207.6	147.4
	大田	本次调查	128.02	142.16	198.37	135.82	133.97	154.13	138.44	139.00
		增减	+10.52	−149.14	−91.63	−41.38	−109.63	−91.87	−69.16	−8.00

第四章　耕地地力评价

第一节　耕地地力分级

一、面积统计

方山县耕地面积35万亩，其中水浇地2万亩，占总耕地面积的5.7%；旱地约33万亩，占总耕地面积的94.3%。按照地力等级划分指标，通过对3 300个评价单元*IFI*值的计算，对照分级标准，确定每个评价单元的地力等级，汇总结果见表4-1。

表4-1　方山县耕地地力等级统计

国家等级	地方等级	评价指数	面积（亩）	比例（%）
1	1	0.751～0.850 4	10 339.64	2.94
2	1	0.751～0.850 4	14 696.06	4.19
3	1	0.751～0.850 4	11 857.92	3.38
3	2	0.673～0.750 9	1 013.55	0.29
4	2	0.673～0.750 9	58 075.33	16.54
5	2	0.673～0.750 9	31 501.64	8.97
5	3	0.594 2～0.672 9	61 494.77	17.51
6	3	0.594 2～0.672 9	45 361.88	12.92
6	4	0.533～0.593 9	59 703.29	17.00
7	4	0.533～0.593 9	29 018.98	8.26
8	4	0.533～0.593 9	2 348.34	0.68
8	5	0.423 6～0.532 9	25 706.03	7.32
合计	—	—	351 117.43	100

二、地域分布

方山县耕地主要分布在低山丘陵坡地、河流宽谷阶地、丘陵低山（中、下）部及坡麓平坦地和山地、丘陵（中、下）部的缓坡地段，地面有一定的坡度等地带。

第二节　耕地地力等级分布

一、一级地

（一）面积和分布

本级耕地主要分布在积翠乡、麻地会乡、圪洞镇、峪口镇、大武镇。面积为

36 893.62亩，占全县总耕地面积的10.51%。

（二）主要属性分析

本级耕地具有一定的排灌设施和抗旱能力，其土体深厚，耕性良好，质地适中，构型较好；保水、保肥，水、气、热和抗旱能力协调。成土母质主要为洪积－冲积母质和黄土状母质。耕层质地主要为轻壤土。土体构型多为通体型。所处地形平坦，气候温和，水流充足，人口集中、耕作精细，土壤肥力较高，地下水位浅，园田化水平高，pH 的变化范围 8.10～9.04，平均值为 8.66。适种作物广，旱涝保收，稳产高产，基本无障碍因子，是方山县的最佳土壤，一般亩产 750 千克以上。

表 4-2　一级地土壤养分统计

项目	平均值	最大值	最小值	标准差	变异系数
有机质	11.70	25.34	5.00	2.90	0.25
全氮	0.72	1.08	0.37	0.13	0.18
有效磷	11.11	33.35	6.42	3.51	0.32
速效钾	148.73	300.00	90.20	26.00	0.17
缓效钾	834.38	1 120.23	337.93	137.00	0.16
pH	8.66	9.04	8.10	0.14	0.02
有效硫	0.00	0.00	0.00	0.00	
有效锰	9.80	32.00	3.35	5.21	0.53
有效硼	0.18	1.01	0.07	0.05	0.30
有效铜	1.03	2.27	0.28	0.33	0.32
有效锌	1.33	2.58	0.26	0.36	0.27
有效铁	7.12	20.67	3.78	2.37	0.33

注：表中各项单位：有机质、全氮为克/千克，pH 无单位，其他为毫克/千克。

本级耕地土壤有机质平均含量为 11.70 克/千克，属省四级水平，最大值 25.34 克/千克，最小值为 5.00 克/千克；全氮平均含量为 0.72 克/千克，属省四级水平，最大值 1.08 克/千克，最小值为 0.37 克/千克；有效磷平均含量为 11.11 毫克/千克，属省四级水平，最大值 33.35 毫克/千克，最小值为 6.42 毫克/千克；速效钾平均含量为 148.73 毫克/千克，属省四级水平，最大值 300.00 毫克/千克，最小值为 90.20 毫克/千克；缓效钾平均含量为 834.38 毫克/千克，属省三级水平，最大值 1 120.23 毫克/千克，最小值为 337.93 毫克/千克；有效硫平均含量为 0.00 毫克/千克，属省六级水平，最大值 0.00 毫克/千克，最小值为 0.00 毫克/千克；有效锰平均含量为 9.80 毫克/千克，属省四级水平，最大值 32.00 毫克/千克，最小值为 3.35 毫克/千克；有效硼平均含量为 0.18 毫克/千克，属省六级水平，最大值 1.01 毫克/千克，最小值为 0.07 毫克/千克；有效铜平均含量为

1.03毫克/千克，属省三级水平，最大值2.27毫克/千克，最小值为0.28毫克/千克；有效锌平均含量为1.33毫克/千克，属省三级水平，最大值2.58毫克/千克，最小值为0.26毫克/千克；有效铁平均含量为7.12毫克/千克，属省四级水平，最大值20.67毫克/千克，最小值为3.78毫克/千克。见表4-2。

该级耕地农作物生产水平较高。从农户调查表来看，玉米平均亩产750千克左右，是方山县玉米主产区和蔬菜生产基地。

（三）主要存在问题

一是土壤肥力与高产高效的需求仍不适应，需培肥地力；二是由于过渡开采地下水，地下水位下降；三是化肥施用量不断提升，有机肥施用量不足，引起土壤板结和肥料利用率下降；四是尽管国家有一系列的种粮政策，但最近几年农资价格的飞速猛长，农民的种粮积极性严重受挫，对土壤进行掠夺式经营，农作物管理上改精耕细作为粗放式管理。

（四）合理利用

本级耕地在利用上应增施有机肥，科学施肥，进一步培肥地力；大力发展设施农业，加快蔬菜、玉米生产发展，建设绿色、有机蔬菜、玉米生产基地，发展高效产业。

二、二 级 地

（一）面积和分布

该类土壤分布在积翠乡、麻地会乡、圪洞镇、峪口镇、大武镇，面积为90 590.52亩，占全县总耕地面积的25.80%。

（二）主要属性分析

所处地势低平，气候温和，水流充足，具有一定的抗旱能力；土体构型为轻壤；土质较细，土体潮湿，土壤通透性差，地温低，地下水位较浅，矿化度高，易受涝和次生盐渍化的威胁。成土母质为冲积母质。耕层质地为轻壤土。土体构型多为夹层型。pH的变化范围8.10～9.04，平均值为8.68。

本级耕地土壤有机质平均含量为9.99克/千克，属省五级水平，最大值23.64克/千克，最小值为1.71克/千克；全氮平均含量为0.65克/千克，属省五级水平，最大值1.15克/千克，最小值为0.29克/千克；有效磷平均含量为10.13毫克/千克，属省四级水平，最大值35.00毫克/千克，最小值为5.00毫克/千克；速效钾平均含量为139.32毫克/千克，属省六级水平，最大值254.26毫克/千克，最小值为60.80毫克/千克；缓效钾平均含量为887.27毫克/千克，属省三级水平，最大值1 199.95毫克/千克，最小值为384.20毫克/千克；有效锰平均含量为8.14毫克/千克，属省四级水平，最大值29.65毫克/千克，最小值为3.35毫克/千克；有效硼平均含量为0.19毫克/千克，属省六级水平，最大值1.43毫克/千克，最小值为0.05毫克/千克；有效铜平均含量为0.92毫克/千克，属省四级水平，最大值2.72毫克/千克，最小值为0.38毫克/千克；有效锌平均含量为1.21毫克/千克，属省三级水平，最大值2.92毫克/千克，最小值为0.24毫克/千克；有效铁平均含量为6.59毫克/千克，属省四级水平，最大值15.67毫克/千克，最小值为3.78毫克/千克。见表4-3。

表 4-3　二级地土壤养分统计

项目	平均值	最大值	最小值	标准差	变异系数
有机质	9.99	23.64	1.71	2.94	0.29
全氮	0.65	1.15	0.29	0.13	0.20
有效磷	10.13	35.00	5.00	2.69	0.27
速效钾	139.32	254.26	60.80	22.76	0.16
缓效钾	887.27	1 199.95	384.20	146.22	0.16
pH	8.68	9.04	8.10	0.12	0.01
有效硫	0	0	0	0	0
有效锰	8.14	29.65	3.35	3.16	0.39
有效硼	0.19	1.43	0.05	0.09	0.47
有效铜	0.92	2.72	0.38	0.34	0.37
有效锌	1.21	2.92	0.24	0.32	0.26
有效铁	6.59	15.67	3.78	2.12	0.32

注：表中各项单位：有机质、全氮为克/千克，pH 无单位，其他为毫克/千克。

本级耕地所在区域，耕种条件较好，主要作物为玉米，亩产 650 千克。

（三）主要存在问题

土体潮湿，土壤通透性差，地温低，地下水位较浅，矿化度高，易受涝和次生盐渍化的威胁。

（四）合理利用

地膜覆盖，使用土壤改良剂，增施有机肥，科学施肥。

三、三 级 地

（一）面积与分布

该类土壤分布在马坊镇、峪口镇，北武当镇和大武镇。面积为 106 856.65 亩，占全县总耕地面积的 30.431%。

（二）主要属性分析

本级耕地土类主要是褐土，成土母质为黄土状母质。所处地形平坦，侵蚀较轻，熟化程度较差，耕种颇细，有一定的灌溉设施。土壤质地为轻壤和沙壤。土体构型主要为通体型。pH 为 8.25～9.04，平均值为 8.67。

本级耕地土壤有机质平均含量为 10.16 克/千克，属省四级水平，最大值 23.97 克/千克，最小值为 2.04 克/千克；全氮平均含量为 0.62 克/千克，属省五级水平，最大值 1.14 克/千克，最小值为 0.24 克/千克；有效磷平均含量为 10.06 毫克/千克，属省四级水平，最大值 29.06 毫克/千克，最小值为 5.43 毫克/千克；速效钾平均含量为 139.25 毫克/千克，属省四级水平，最大值 267.33 毫克/千克，最小值为 77.13 毫克/千克；缓效钾平均含量为 869.98 毫克/千克，属省三级水平，最大值 1 199.95 毫克/千克，最小值为

434.00毫克/千克；有效硫平均含量为0.00毫克/千克，属省六级水平，最大值0.00毫克/千克，最小值为0.00毫克/千克；有效锰平均含量为7.90毫克/千克，属省四级水平，最大值28.65毫克/千克，最小值为3.09毫克/千克；有效硼平均含量为0.20毫克/千克，属省六级水平，最大值2.27毫克/千克，最小值为0.05毫克/千克；有效铜平均含量为0.96毫克/千克，属省四级水平，最大值2.14毫克/千克，最小值为0.36毫克/千克；有效锌平均含量为1.19毫克/千克，属省三级水平，最大值2.87毫克/千克，最小值为0.23毫克/千克；有效铁平均含量为6.51毫克/千克，属省四级水平，最大值15.00毫克/千克，最小值为3.78毫克/千克见表4-4。

本级耕地所在区域，种植作物主要为玉米。玉米亩产550千克。

（三）主要存在问题

梯田没有得到合理改良，坡耕地水土流失严重，土壤保水保肥能力差，易受干旱、洪涝灾害。

（四）合理利用

增施有机肥，实施秸秆粉碎还田，科学施肥，培肥地力。因地制宜发展高效农业。

表4-4 三级地土壤养分统计

项目	平均值	最大值	最小值	标准差	变异系数
有机质	10.16	23.97	2.04	2.65	0.26
全氮	0.62	1.14	0.24	0.13	0.20
有效磷	10.06	29.06	5.43	2.03	0.20
速效钾	139.25	267.33	77.13	23.21	0.17
缓效钾	869.98	1 199.95	434.00	146.26	0.17
pH	8.67	9.04	8.25	0.11	0.01
有效锰	7.90	28.65	3.09	2.57	0.33
有效硼	0.20	2.27	0.05	0.14	0.73
有效铜	0.96	2.14	0.36	0.33	0.34
有效锌	1.19	2.87	0.23	0.29	0.25
有效铁	6.51	15.00	3.78	2.08	0.32

注：表中各项单位：有机质、全氮为克/千克，pH无单位，其他为毫克/千克。

四、四级地

（一）面积与分布

该类土壤分布在马坊镇、圪洞镇峪口镇和大武镇，面积为91 070.61亩，占全县总耕地面积的25.94%。

（二）主要属性分析

本级耕地所处地区气候温和，地势低平；土壤水分多，排水不良，地下水位浅，矿化度高，有不同程度的盐碱危害。其土体构型为夹层型，耕层土壤质地有沙壤、轻壤等，成土母质为河流冲积物。土质差，构型不佳，土体潮湿，通透性差，地温低，微生物活动受抑，养分释放慢，耕性较差，适种作物较少。pH 为 8.25～9.35，平均值为 8.65。

本级耕地土壤有机质平均含量为 9.82 克/千克，属省五级水平，最大值 22.65 克/千克，最小值为 2.70 克/千克；全氮平均含量为 0.61 克/千克，属省五级水平，最大值 1.31 克/千克，最小值为 0.23 克/千克；有效磷平均含量为 9.92 毫克/千克，属省五级水平，最大值 19.39 毫克/千克，最小值为 4.71 毫克/千克；速效钾平均含量为 139.95 毫克/千克，属省四级水平，最大值 233.67 毫克/千克，最小值为 80.40 毫克/千克；缓效钾平均含量为 835.03 毫克/千克，属省三级水平，最大值 1 199.95 毫克/千克，最小值为 434.00 毫克/千克；有效锰平均含量为 8.29 毫克/千克，属省四级水平，最大值 25.99 毫克/千克，最小值为 3.62 毫克/千克；有效硼平均含量为 0.25 毫克/千克，属省五级水平，最大值 2.17 毫克/千克，最小值为 0.05 毫克/千克；有效铜平均含量为 1.03 毫克/千克，属省三级水平，最大值 2.43 毫克/千克，最小值为 0.38 毫克/千克；有效锌平均含量为 1.20 毫克/千克，属省三级水平，最大值 2.78 毫克/千克，最小值为 0.26 毫克/千克；有效铁平均含量为 7.07 毫克/千克，属省四级水平，最大值 14.00 毫克/千克，最小值为 4.61 毫克/千克。见表 4-5。

表 4-5　四级地土壤养分统计表

项目	平均值	最大值	最小值	标准差	变异系数
有机质	9.82	22.65	2.70	2.44	0.25
全氮	0.61	1.31	0.23	0.13	0.20
有效磷	9.92	19.39	4.71	1.78	0.18
速效钾	139.95	233.67	80.40	21.30	0.15
缓效钾	835.03	1 199.95	434.00	130.96	0.16
pH	8.65	9.35	8.25	0.11	0.01
有效锰	8.29	25.99	3.62	2.46	0.30
有效硼	0.25	2.17	0.05	0.22	0.88
有效铜	1.03	2.43	0.38	0.35	0.34
有效锌	1.20	2.78	0.26	0.29	0.24
有效铁	7.07	14.00	4.61	2.47	0.35

注：表中各项单位：有机质、全氮为克/千克，pH 无单位，其他为毫克/千克。

本级耕地所在区域，种植作物主要为玉米、豆类和马铃薯。玉米亩产 400 千克。

（三）主要存在问题

排水不良，地温低，有盐碱危害，适种作物少。

（四）合理利用

改良土壤，培肥地力，推广测土配方施肥，加强农田水利建设，建成稳产田。

五、五 级 地

(一) 面积与分布

本级耕地分布在马坊镇、圪洞镇、峪口镇、北武当镇和大武镇。面积为 25 706.03 亩，占全县总耕地面积的 7.32%。

(二) 主要属性分析

本级耕地所处气候温和，地形平缓，地多人少，耕种粗放；土体干旱，肥源不足。其母质为洪积母质和黄土状母质，土体构型为薄层型和通体型。pH 为 8.41～9.04，平均值为 8.63。

本级耕地土壤有机质平均含量为 8.42 克/千克，属省五级水平，最大值 16.33 克/千克，最小值为 2.04 克/千克；全氮平均含量为 0.59 克/千克，属省五级水平，最大值 1.07 克/千克，最小值为 0.24 克/千克；有效磷平均含量为 9.41 毫克/千克，属省五级水平，最大值 22.08 毫克/千克，最小值为 5.76 毫克/千克；速效钾平均含量为 123.74 毫克/千克，属省四级水平，最大值 190.20 毫克/千克，最小值为 77.13 毫克/千克；缓效钾平均含量为 836.40 毫克/千克，属省三级水平，最大值 1120.23 毫克/千克，最小值为 450.60 毫克/千克；有效锰平均含量为 8.76 毫克/千克，属省四级水平，最大值 26.33 毫克/千克，最小值为 4.68 毫克/千克；有效硼平均含量为 0.30 毫克/千克，属省五级水平，最大值 1.83 毫克/千克，最小值为 0.05 毫克/千克；有效铜平均含量为 1.11 毫克/千克，属省三级水平，最大值 2.66 毫克/千克，最小值为 0.42 毫克/千克；有效锌平均含量为 1.24 毫克/千克，属省三级水平，最大值 2.33 毫克/千克，最小值为 0.50 毫克/千克；有效铁平均含量为 7.58 毫克/千克，属省四级水平，最大值 13.66 毫克/千克，最小值为 3.45 毫克/千克。见表 4-6。

该级耕地多为一年一作，种植马铃薯作物。

(三) 主要存在问题

干旱缺水，肥力状况差，坡耕地水土流失严重。

表 4-6　五级地土壤养分统计表

项目	平均值	最大值	最小值	标准差	变异系数
有机质	8.42	16.33	2.04	2.48	0.29
全氮	0.59	1.07	0.24	0.16	0.27
有效磷	9.41	22.08	5.76	1.71	0.18
速效钾	123.74	190.20	77.13	18.81	0.15
缓效钾	836.40	1 120.23	450.60	106.74	0.13
pH	8.63	9.04	8.41	0.12	0.01
有效锰	8.76	26.33	4.68	2.33	0.27
有效硼	0.30	1.83	0.05	0.25	0.82
有效铜	1.11	2.66	0.42	0.38	0.34

（续）

项目	平均值	最大值	最小值	标准差	变异系数
有效锌	1.24	2.33	0.50	0.26	0.21
有效铁	7.58	13.66	3.45	2.69	0.35

注：表中各项单位：有机质、全氮为克/千克，pH 无单位，其他为毫克/千克。

（四）合理利用

整修梯田，防蚀保土，推广测土配方施肥，培肥并熟化土壤，建设高产基本农田，坡耕地进行坡改梯，适量发展高产高效农业。

第五章　中低产田类型分布及改良利用

第一节　中低产田类型及分布

中低产田是指存在各种制约农业生产的土壤障碍因素，产量相对低而不稳定的耕地。

通过对方山县耕地地力状况的调查，根据土壤主导障碍因素的改良主攻方向，依据中华人民共和国农业部发布的行业标准 NY/T 310—1996，引用吕梁市耕地地力等级划分标准，结合实际进行分析，方山县中低产田包括以下 3 个类型：坡地梯改型、瘠薄培肥型、干旱灌溉型。中低产田面积为 314 223.81 亩，占总耕地面积的 89.49%。各类型面积情况统计见表 5-1。

表 5-1　方山县中低产田各类型面积情况统计

类　型	面积（亩）	占总耕地面积（%）	占中低产田面积（%）
坡地梯改型	93 378.05	26.59	29.71
瘠薄培肥型	170 932.94	48.68	54.40
干旱灌溉型	49 912.82	14.22	15.88
合计	314 223.81	89.49	100

一、坡地梯改型

坡地梯改型是指主导障碍因素为土壤侵蚀，以及与其相关的地形，地面坡度，土体厚度，土体构型与物质组成，耕作熟化层厚度与熟化程度等，需要通过修筑梯田梯埂等田间水保工程加以改良治理的坡耕地。

方山县坡地梯改型中低产田面积为 93 378.05 亩，占总耕地面积的 26.59%。

二、瘠薄培肥型

瘠薄培肥型是指受气候、地形条件限制，造成干旱、缺水、土壤养分含量低、结构不良、投肥不足、产量低于当地高产农田，只能通过连年深耕、培肥土壤、改革耕作制度，推广旱农技术等长期性的措施逐步加以改良的耕地。

方山县瘠薄培肥型中低产田面积的 170 932.94 亩，占总耕地面积的 48.68%。

三、干旱灌溉型

干旱灌溉型是指由于气候条件造成的降雨不足或季节性出现不均，又缺少必要的调蓄手段，以及地形、土壤性状等方面的原因，造成的保水蓄水能力的缺陷，不能满足作物正常生长所需的水分需求，但又具备水源开发条件，可以通过发展灌溉加以改良的耕地。

方山县灌溉改良型中低产田面积为 49 912.82 万亩，占总耕地面积的 14.22%。

第二节　生产性能及存在问题

一、坡地梯改型

该类型区地形坡度≥8°，以中度至重度侵蚀为主，主要为山地，分布于丘陵低山中、下部及坡麓平坦地，土壤类型为栗褐土，土壤母质为离石黄土。耕层质地主要为沙壤土、沙质壤土，质地构型有通体型，有效土层厚度大于 150 厘米，耕层厚度为 15～30 厘米，耕地土壤有机质为 10.93 克/千克，全氮为 0.63 克/千克，有效磷为 10.36 毫克/千克，速效钾为 138.71 毫克/千克。存在的主要问题是土质粗劣，水土流失比较严重，土体发育微弱，土壤干旱瘠薄。

二、瘠薄培肥型

该类型区域土壤有不同程度侵蚀，为山地和旱坪地居多，土壤类型是黄绵土，各种地形、各种质地均有，有效土层厚度＞150 厘米，耕层厚度为 15～30 厘米，耕层养分含量有机质为 8.75 克/千克，全氮为 0.64 克/千克，有效磷为 9.22 毫克/千克，速效钾为 139.73 毫克/千克。存在的主要问题是田面不平，水土流失轻度，干旱缺水，土质粗劣，肥力较差。

三、干旱灌溉型

土壤耕性良好，宜耕期长，保水保肥性能较好。土壤类型为栗褐土，土壤母质为离石黄土，地面坡度 2°～5°，园田化水平较高，有效土层厚度＞150 厘米。耕层厚度为 15～30 厘米。表土层多为轻壤，易耕种，宜耕期长，保水保肥性强。干旱灌溉型土壤有机质为 9.98 克/千克，全氮为 0.67 克/千克，有效磷为 10.50 毫克/千克，速效钾为 139.14 毫克/千克。

主要问题是干旱缺水，水利条件差，灌溉率＜60%，施肥水平低，管理粗放，产量不高。

第三节　改良利用措施

方山县中低产田面积为 314 223.81 亩，占现有耕地 89.49%。严重影响方山县农业生产的发展和农业经济效益，应因地制宜地进行改良。

总体上讲，中低产田的改良、耕作、培肥是一项长期而艰巨的任务。通过工程、生物、农艺、化学等综合措施，消除或减轻中低产田土壤限制农业产量提高的各种障碍因素，提高耕地基础地力，其中耕作培肥对中低产田的改良效果是极其显著的。具体措施如下：

1. 施有机肥 增施有机肥，增加土壤有机质含量，改善土壤理化性状并为作物生长提供部分营养物质。据调查，有机肥的施用量达到每年 2 000～3 000 千克/亩，连续施用 3 年，可获得理想效果。主要通过秸秆还田和施用堆肥厩肥、人粪尿及禽畜粪便来实现。

2. 校正施肥 依据当地土壤实际情况和作物需肥规律选用合理配比，有效控制化肥不合理施用对土壤性状的影响，达到提高农产品品质的目的。

（1）巧施氮肥：速效性氮肥极易分解，通常施入土壤中的氮素化肥的利用率只有 25%～50%，或者更低。这说明施入土壤中的氮素，挥发渗漏损失严重。所以在施用氮素化肥时一定注意施肥方法施肥量和施肥时期，提高氮肥利用率，减少损失。

（2）重施磷肥：本区地处黄土高原，属石灰性土壤。土壤中的磷常被固定，而不能发挥肥效。加上部分群众重氮轻磷，作物吸收的磷得不到及时补充。试验证明，在缺磷土壤上增施磷肥增产效果明显。可以增施人粪尿与骡马粪堆沤肥，其中的有机酸和腐殖酸能促进非水溶性磷的溶解，提高磷素的活力。

（3）因地施用钾肥：本区土壤中钾的含量虽然在短期内不会成为限制农业生产的主要因素，但随着农业生产进一步发展和作物产量的不断提高，土壤中的有效钾的含量也会处于不足状态，所在在生产中，应定期监测土壤中钾的动态变化，及时补充钾素。

（4）重视施用微肥：作物对微量元素肥料需要量虽然很小，但能提高产品产量和品质，有其他大量元素不可替代的作用。据调查，全县土壤硼、锌、锰、铁等含量均不高，近年来玉米施锌试验，增产效果均很明显。

（5）因地施用土壤改良剂。在盐碱地和新修梯田施用硫酸亚铁土壤改良剂，减轻盐碱危害，加速生土熟化。

然而，不同的中低产田类型有其自身的特点，在改良利用中应针对这些特点，采取相应的措施，现分述如下：

一、坡地梯改型中低产田的改良利用

1. 梯田工程 此类地形区的深厚黄土层为修建水平梯田创造了条件。梯田可以减少坡长，使地面平整，变降雨的坡面径流为垂直入渗，防止水土流失，增强土壤水分储备和抗旱能力。可采用缓坡修梯田，陡坡种林草，增加地面覆盖度。

2. 增加梯田土层及耕作熟化层厚度 新建梯田的土层厚度相对较薄，耕作熟化程度较低。梯田土层厚度及耕作熟化层厚度的增加是这类田地改良的关键。梯田土层厚度的一般标准为：土层厚大于 80 厘米，耕作熟化层大于 20 厘米，有条件的应达到土层厚大于 100 厘米，耕作熟化层厚度大于 25 厘米。

3. 农、林、牧业并重 此类耕地今后的利用方向应是农、林、牧业并重，因地制宜，全面发展。此类耕地应发展种草、植树，扩大林地和草地面积，促进养殖业发展，将生态效益和经济效益结合起来，如实行农林复合农业。见表 5-2。

表 5-2　方山县坡地梯改型技术规范

<table>
<tr><td colspan="2">改良措施</td><td colspan="5">改良指标</td></tr>
<tr><td colspan="2" rowspan="4">梯田工程</td><td>坡度
(°)</td><td>机耕条件</td><td>梯田面宽
(米)</td><td>梯田距
(米)</td><td>梯田埂占地
(%)</td></tr>
<tr><td>8～10</td><td>大型拖拉机</td><td>15</td><td>1～1.5</td><td>2～5</td></tr>
<tr><td>10～15</td><td>中型拖拉机</td><td>10</td><td>1.5～2</td><td>5～8</td></tr>
<tr><td>＞15</td><td>畜力或小型拖拉机</td><td>＜5</td><td>＞2</td><td>8～11</td></tr>
<tr><td colspan="2">增加梯田土层及耕作熟化层厚度</td><td colspan="5">高标准：土层厚＞100 厘米，耕作熟化层厚＞25 厘米
一般标准：土层厚＞80 厘米，耕作熟化层厚＞20 厘米
低标准：土层厚＞50 厘米，耕作熟化层厚＞15 厘米</td></tr>
<tr><td colspan="2">林带植被建设</td><td colspan="5">林、草作物总植被覆盖＞80%</td></tr>
<tr><td rowspan="7">耕作培肥</td><td>深翻</td><td colspan="5">3 年内深耕 2～3 次，加深耕层 3～5 厘米，耕作熟化层达到＞15 厘米</td></tr>
<tr><td>种植制度</td><td colspan="5">粮肥（绿肥）、粮油（葵花、胡麻）、粮豆（大豆）轮作，连续 3～5 年</td></tr>
<tr><td>秸秆还田</td><td colspan="5">还田量或面积＞50%，连续 3～5 年</td></tr>
<tr><td>增施有机肥</td><td colspan="5">2 000～3 000 千克/亩，连续 3 年</td></tr>
<tr><td>校正施肥</td><td colspan="5">普钙 40～75 千克/亩，连续 3 年，硫酸钾 5～10 千克/亩，连续 3 年</td></tr>
<tr><td>地膜覆盖</td><td colspan="5">玉米、马铃薯、谷子等可采用地膜覆盖</td></tr>
<tr><td>生物覆盖</td><td colspan="5">采用半耕半覆盖、全耕全覆盖、秸秆与地膜二元双覆盖</td></tr>
</table>

二、瘠薄培肥型中低产田的改良利用

1. 平整土地与梯田建设　将平坦垣面及缓坡地规划成条田，平整土地，以蓄水保墒。通过水土保持和提高水资源利用水平，发展粮食生产。

2. 实行水保耕作法　山地丘陵推广等高耕作、等高种植、地膜覆盖、生物覆盖等旱作农业技术，河谷区推广地膜覆盖、生物覆盖等旱农技术，有效保持土壤水分，满足作物需求，提高作物产量。

3. 大力兴建林草植被　因地制宜地造林、种草与农作物种植有效结合，兼顾生态效益和经济效益，发展复合农业。见表 5-3。

表 5-3　瘠薄培肥型改良技术规范

<table>
<tr><td colspan="2">改良措施</td><td>改良指标</td></tr>
<tr><td colspan="2">平整土地与条田建设</td><td>平坦垣面及缓坡地规划成条田</td></tr>
<tr><td colspan="2">水保耕作法</td><td>平川区推广地膜覆盖、生物覆盖等旱作农业技术，山地丘陵推广等耕作及种植制度和地膜覆盖、生物覆盖等旱作农业技术</td></tr>
<tr><td colspan="2">林草植被建设</td><td>林、草、作物总植被覆盖率＞80%（无裸露面积）</td></tr>
<tr><td rowspan="5">耕作培肥</td><td>深翻</td><td>3 年内深耕 1～2 次，加深耕层 2～5 厘米，耕作熟化层达到＞20 厘米</td></tr>
<tr><td>种植制度</td><td>连续 3～5 年实行轮作倒茬</td></tr>
<tr><td>秸秆还田</td><td>秸秆还田量或面积＞40%，连续 3 年</td></tr>
<tr><td>增施有机肥</td><td>施有机肥达到 2 500～3 500 千克/亩，连续 3 年</td></tr>
<tr><td>校正施肥</td><td>普钙 40～75 千克/亩，连续 3 年，硫酸钾 5～7.5 千克/亩，连续 3 年</td></tr>
</table>

三、干旱灌溉改良型中低产田的改良利用

1. 水源开发及调蓄工程　干旱灌溉型中低产田地处位置，具备水资源开发条件。在这类地区增加适当数量的水井、修筑一定数量的调水、蓄水工程，以保证一年一熟地浇3～4次以上，毛灌定额300～400立方米/亩，一年两熟地浇4～5次，毛灌定额400～500立方米/亩。

2. 田间工程及平整土地　一是平田整地采取小畦浇灌，节约用水，扩大浇水面积；二是积极发展管灌、滴灌，提高水的利用率；三是二级阶地适量增加深井数量，扩大灌溉面积。见表5-4。

表5-4　干旱灌溉型改良技术规范

改良措施		改良指标
水源开发及调蓄工程		修建提水工程、挖旱井蓄水、挖深井、健全排灌工程
田间工程及平整土地		适应不同浇灌方式（井、渠、喷、滴）的要求，地膜覆盖
耕作培肥	增施有机肥	每年2 000～2 500千克/亩
	秸秆还田	还田量及面积>50%
	种植绿肥	面积>40%连续3年
	校正施肥	$N:P_2O_5:K_2O=1:0.8:0.5$

第六章　耕地地力评价与测土配方施肥

第一节　测土配方施肥的原理与方法

一、测土配方施肥的含义

测土配方施肥是以肥料田间试验、土壤测试为基础，根据作物需肥规律、土壤供肥性能和肥料效应，在合理施用有机肥料的基础的上，提出氮、磷、钾及中、微量元素等肥料的施用品种、数量、施肥时期和施肥方法。通俗地讲，就是在农业科技人员指导下科学施用配方肥。测土配方施肥技术的核心是调整和解决作物需肥与土壤供肥之间的矛盾。同时有针对性地补充作物所需的营养元素，作物缺什么元素就补充什么元素，需要多少补充多少，实现各种养分平衡供应，满足作物的需要。达到增加作物产量、改善农产品品质、节省劳力、节支增收的目的。

二、应用前景

土壤有效养分是作物营养的主要来源，施肥是补充和调节土壤养分数量与补充作物营养最有效手段之一。作物因其种类、品种、生物学特性、气候条件以及农艺措施等诸多因素的影响，其需肥规律差异较大。因此，及时了解不同作物种植土壤中的土壤养分变化情况，对于指导科学施肥具有重要的现实意义。

测土配方施肥是一项应用性很强的农业科学技术，在农业生产中大力推广应用，对促进农业增效、农民增收具有十分重要的作用。通过测土配方施肥的实施，能达到 5 个目标：

1. 节肥增产　在合理施用有机肥的基础上，提出合理的化肥投入量，调整养分配比，使作物产量在原有的基础上能最大限度地发挥其增产潜能。

2. 提高产品品质　通过田间试验和土壤养分化验，在掌握土壤供肥状况，优化化肥投入的前提下，科学调控作物所需养分的供应，达到改善农产品品质的目标。

3. 提高肥效　在准确掌握土壤供肥特性，作物需肥规律和肥料利用率的基础上，合理设计肥料配方。从而达到提高产投比和增加施肥效益的目标。

4. 培肥改土　实施测土配方施肥必须坚持用地与养地相结合、有机肥与无机肥相结合，在逐年提高作物产量的基础上，不断改善土壤的理化性状，达到培肥和改良土壤，提高土壤肥力和耕地综合生产能力，实现农业可持续发展。

5. 生态环保　实施测土配方施肥，可有效地控制化肥特别是氮肥的投入量，提高肥料利用率，减少肥料的面源污染，避免因施肥引起的富营养化，实现农业高产和生态环保相协调的目标。

三、测土配方施肥的依据

（一）土壤肥力是决定作物产量的基础

肥力是土壤的基本属性和质的特征，是土壤从养分条件和环境条件方面，供应和协调作物生长的能力。土壤肥力是土壤的物理、化学、生物性质的反映，是土壤诸多因子共同作用的结果。通过大量的田间试验和示踪元素的测定证明，作物产量的构成，有40%～80%的养分吸收自土壤。养分吸收自土壤比例的大小和土壤肥力的高低有着密切的关系，土壤肥力越高，作物吸自土壤养分的比例就越大；相反，土壤肥力越低，作物吸自土壤的养分越少，那么肥料的增产效应相对增大，但土壤肥力低绝对产量也低。要提高作物产量，首先要提高土壤肥力，而不是依靠增加肥料。因此，土壤肥力是决定作物产量的基础。

（二）有机与无机相结合、大中微量元素相配合

用地和养地相结合是测土配方施肥的主要原则，实施配方施肥必须以有机肥为基础，土壤有机质含量是土壤肥力的重要指标。增肥有机肥可以增加土壤有机质含量，改善土壤理化、生物性状，提高土壤保水保肥性能，增强土壤活性，促进化肥利用率的提高，各种营养元素的配合才能获得高产稳产。要使作物—土壤—肥料形成物质和能量的良性循环，必须坚持用地养地相结合，投入、产出相对平衡，保证土壤肥力的逐步提高，达到农业的可持续发展。

（三）测土配方施肥的理论依据

测土配方施肥是以养分归还学说、最小养分律、同等重要律、不可代替律、肥料效应报酬递减律和因子综合作用律等为理论依据，以确定不同养分的施肥总量和肥料配比为主要内容。同时注意良种、田间管护等影响肥效的诸多因素，形成了测土配方施肥的综合资源管理体系。

1. 养分归还学说　作物产量的形成有40%～80%的养分来自土壤。但不能把土壤看做一个取之不尽、用之不竭的“养分库”。为保证土壤有足够的养分供应容量和强度，保证土壤养分的携出与输入间的平衡，必须通过施肥这一措施来实现。依靠施肥，可以把作物吸收的养分“归还”土壤，确保土壤肥力。

2. 最小养分律　作物生长发育需要吸收各种养分，但严重影响作物生长、限制作物产量的是土壤中那种相对含量最小的养分因素，也就是最缺的那种养分。如果忽视这个最小养分，即使继续增加其他养分，作物产量也难以提高。只有增加最小养分的量，产量才能相应提高。经济合理的施肥是将作物所缺的各种养分同时按作物所需比例相应提高，作物才会优质优高产。

3. 同等重要律　对作物来讲，不论大量元素或微量元素，都是同样重要缺一不可的，即使缺少某一种微量元素，尽管它需要量很少，仍会影响某种生理功能而导致减产。微量元素和大量元素同等重要，不能因为需要量少而忽略。

4. 不可替代律　作物需要的各种营养元素，在作物体内都有一定功效，相互之间不能替代，缺少什么营养元素，就必须施用含有该元素的肥料进行补充，不能相互替代。

5. 肥料报酬递减律　随着投入的单位劳动和资本量的增加，报酬的增加却在减少，当施肥量超过适量时，作物产量与施肥量之间单位施肥量的增产会呈递减趋势。

6. 因子综合作用律　作物产量的高低是由影响作物生长发育诸因素综合作用的结果，但其中必有一个起主导作用的限制因子，产量在一定程度上受该限制因素的制约。为了充分发挥肥料的增产作用和提高肥料的经济效益，一方面，施肥措施必须与其他农业技术措施相结合，发挥生产体系的综合功能；另一方面，各种养分之间的配合施用，也是提高肥效不可忽视的问题。

四、测土配方施肥确定施肥量的基本方法

（一）土壤与植物测试推荐施肥方法

该技术综合了目标产量法、养分丰缺指标法和作物营养诊断法的优点。对于大田作物，在综合考虑有机肥、作物秸秆利用和管理措施的基础上，根据氮、磷、钾和中、微量元素养分的不同特征，采取不同的养分优化调控与管理策略。其中，氮肥推荐根据土壤供氮状况和作物需氮量，进行实时动态监测和精确调控，包括基肥和追肥的调控；磷、钾肥通过土壤测试和养分平衡进行监控；中、微量元素采用因缺补缺的矫正施肥策略。该技术包括氮素实时监控、磷钾养分恒量监控和中、微量元素养分矫正施肥技术。

1. 氮素实时监控施肥技术　根据不同土壤、不同作物、不同目标产量确定作物需氮量，以需氮量的30％～60％作为基肥用量。具体基施比例根据土壤全氮含量，同时参照当地丰缺指标来确定。一般在全氮含量偏低时，采用需氮量的50％～60％作为基肥；在全氮含量居中时，采用需氮量的40％～50％作为基肥；在全氮含 量偏高，采用需氮量的30％～40％作为基肥。30％～60％基肥比例可根据上述方法确定，并通过“3414”田间试验进行校验，建立当地不同作物的施肥指标体系，有条件的地区可在播种前对0～20厘米土壤无机氮进行监测，调节基肥用量。

$$\text{基肥用量（千克/亩）}=\frac{\text{（目标产量需氮量－土壤无机氮）×（30\%～60\%）}}{\text{肥料中养分含量×肥料当季利用率}}$$

其中：土壤无机氮（千克/亩）＝土壤无机氮测试值（毫克/千克）×0.15×校正系数

氮肥追肥用量推荐以作物生育期的营养状况诊断或土壤硝态氮的测试为依据，这是实现氮肥准确推荐的关健环节，也是控制过量施氮或施氮不足、提高氮肥利用率和减少损失的重要措施。测试项目主要是土壤全氮含量、土壤硝态氮含量或小麦拔节期茎基部硝酸盐浓度、玉米最新展开叶叶脉中部硝酸盐浓度，水稻采用叶色卡或叶绿素仪进行叶色诊断。

2. 磷钾养分恒量监控施肥技术　根据土壤有（速）效磷、钾含量水平，以土壤有（速）效磷、钾养分不成为实现目标产量的限制因子为前提，通过土壤测试和养分平衡监控，使土壤有（速）效磷、钾含量保持在一定范围内。对于磷肥，基本思想是根据土壤有效磷测试结果和养分丰缺指标进行分级，当有效磷水平处在中等偏上时，可以将目标产量需要量（只包括带出田块的收获物）的100％～110％作为当季磷肥用量；随着有效磷的降低，需要适当增加磷肥用量，在极缺磷的土壤上，可以施到需要量的150％～200％。在2～3年后再次测土时，根据土

壤有效磷和产量的变化再对磷肥用量进行调整。钾肥首先需要确定施用钾肥是否有效，再参照上面方法确定钾肥用量，但需要考虑有机肥和秸秆还田带入的钾量。一般大田作物磷、钾肥料全部做基肥。

3. 中、微量元素养分矫正施肥技术 中、微量元素养分的含量变幅大，作物对其需要量也各不相同。主要与土壤特性（尤其是母质）、作物种类和产量水平等有关。矫正施肥就是通过土壤测试，评价土壤中、微量元素养分的丰缺状况，进行有针对性的因缺补缺的施肥。

（二）肥料效应函数法

根据“3414”方案田间试验结果建立当地主要作物的肥料效应函数，直接获得某一区域、某种作物的氮、磷、钾肥的最佳施用量，为肥料配方和施肥推荐提供依据。

（三）土壤养分丰缺指标法

通过土壤养分测试结果和田间肥效试验结果，建立不同作物、不同区域的土壤养分丰缺指标，提供肥料配方。

土壤养分丰缺指标田间试验也可采用“3414”部分实施方案。“3414”方案中的处理1为空白对照（CK），处理6为全肥区（NPK），处理2、处理4、处理8为缺素区（即PK、NK和NP）。收获后计算产量，用缺素区产量占全肥区产量百分数即相对产量的高低来表达土壤养分的丰缺情况。相对产量低于50％的土壤养分为极低；相对产量50％～60％（不含）为低，60％～70％（不含）为较低，70％～80％（不含）为中，80％～90％（不含）为较高，90％（含）以上为高（也可根据当地实际确定分级指标），从而确定适用于某一区域、某种作物的土壤养分丰缺指标及对应的肥料施用数量。对该区域其他田块，通过土壤养分测试，就可以了解土壤养分的丰缺状况，提出相应的推荐施肥量。

（四）养分平衡法

1. 基本原理与计算方法 根据作物目标产量需肥量与土壤供肥量之差估算施肥量，计算公式为：

$$\text{施肥量（千克/亩）}=\frac{\text{目标产量所需养分总量}-\text{土壤供肥量}}{\text{肥料中养分含量}\times\text{肥料当季利用率}}$$

养分平衡法涉及目标产量、作物需肥量、土壤供肥量、肥料利用率和肥料中有效养分含量五大参数。土壤供肥量即为“3414”方案中处理1的作物养分吸收量。目标产量确定后因土壤供肥量的确定方法不同，形成了地力差减法和土壤有效养分校正系数法两种。

地力差减法是根据作物目标产量与基础产量之差来计算施肥量的一种方法。其计算公式为：

$$\text{施肥量（千克/亩）}=\frac{\text{（目标产量}-\text{基础产量）}\times\text{单位经济产量养分吸收量}}{\text{肥料中养分含量}\times\text{肥料利用率}}$$

基础产量即为“3414”方案中处理1的产量。

土壤有效养分校正系数法是通过测定土壤有效养分含量来计算施肥量。其计算公式为：

$$\text{施肥量（千克/亩）}=\frac{\text{作物单位产量养分吸收量}\times\text{目标产量}-\text{土壤测试值}\times0.15\times\text{土壤有效养分校正系数}}{\text{肥料中养分含量}\times\text{肥料利用率}}$$

2. 有关参数的确定

——目标产量

目标产量可采用平均单产法来确定。平均单产法是利用施肥区前 3 年平均单产和年递增率为基础确定目标产量，其计算公式是：

目标产量（千克/亩）＝（1＋递增率）×前 3 年平均单产（千克/亩）

一般粮食作物的递增率为 10%～15%，露地蔬菜为 20%，设施蔬菜为 30%。

——作物需肥量

通过对正常成熟的农作物全株养分的分析，测定各种作物百千克经济产量所需养分量，乘以目标产量即可获得作物需肥量。

作物目标产量所需养分量（千克）＝

$$\frac{\text{目标产量（千克）}}{100}\times\text{百千克产量所需养分量（千克）}$$

——土壤供肥量

土壤供肥量可以通过测定基础产量、土壤有效养分校正系数两种方法估算：

通过基础产量估算（处理 1 产量）：不施肥区作物所吸收的养分量作为土壤供肥量。

土壤供肥量（千克）＝

$$\frac{\text{不施养分区农作物产量（千克）}}{100}\times\text{百千克产量所需养分量（千克）}$$

通过土壤有效养分校正系数估算：将土壤有效养分测定值乘一个校正系数，以表达土壤“真实”供肥量。该系数称为土壤养分校正系数。

$$\text{土壤有效养分校正系数（\%）}=\frac{\text{缺素区作物地上部分吸收该元素量（千克/亩）}}{\text{该元素土壤测定值（毫克/千克）}\times 0.15}$$

——肥料利用率

一般通过差减法来计算：利用施肥区作物吸收的养分量减去不施肥区农作物吸收的养分量，其差值视为肥料供应的养分量，再除以所用肥料养分量就是肥料利用率。

$$\text{肥料利用率（\%）}=\frac{\text{施肥区农作物吸收养分量（千克/亩）}-\text{缺素区农作物吸收养分量（千克/亩）}}{\text{肥料施用量（千克/亩）}\times\text{肥料中养分含量（\%）}}\times 100\%$$

上述公式以计算氮肥利用率为例来进一步说明。

施肥区（$N_2P_2K_2$区）农作物吸收养分量（千克/亩）：“3414”方案处理 6 的作物总吸氮量。

缺氮区（$N_0P_2K_2$区）农作物吸收养分量（千克/亩）：“3414”方案处理 2 的作物总吸氮量。

肥料施用量（千克/亩）：施用的氮肥肥料用量。

肥料中养分含量（%）：施用的氮肥肥料所标明含氮量。

如果同时使用了不同品种的氮肥，应计算所用的不同氮肥品种的总氮量。

——肥料养分含量

供施肥料包括无机肥料与有机肥料。无机肥料、商品有机肥料含量按其标明量，不明养分含量的有机肥料养分含量可参照当地不同类型有机肥养分平均含量获得。

第二节　测土配方施肥项目技术内容和实施情况

一、野外调查与资料收集

为了给测土配方施肥项目提供准确、可靠的第一手数据，达到理论和实践的有机统一，按照农业部测土配方施肥规范要求，对全县 7 个乡（镇）169 个行政村 35 万亩耕地的立地条件、土壤条件、耕地水肥条件、农作物单位面积产量水平等构成农业生产的基本要素，主要进行了 3 项野外实地调查。一是采样地块调查；二是测土配方施肥准确度调查；三是农户施肥情况调查。3 年共完成野外调查表 3 300 份，其中采样调查表 3 300 份，农户施肥情况调查表 300 份。初步掌握了全县耕地地力条件、土壤理化性状与施肥管理水平。同时收集整理了 1982 年第二次土壤普查、土壤耕地养分调查、历年肥料动态监测、肥料试验及其相关的图件和土地利用现状图、土壤图等资料。

二、采样分析化验

按照土样采集操作规程，结合全县耕地的实际情况，以村为单位，根据立地条件、土壤类型、利用现状、耕作制度、产量水平、地形部位等因素的不同，按照沟河地 150 亩采集 1 个土样、旱垣地 200 亩采集 1 个土样、丘陵区 100 亩采集一个单元，对全县的 35 万亩耕地进行了采样单元划分，并在全县土壤利用现状图上加以标注，在实际操作过程中根据实际情况进行适当调整。全县组织了 10 个采样组，3 年共采集标准大田土样 3 300 个，并按要求完成了 3 300 个有机质和大量元素、1 200 个中、微量元素的测试任务，取得土壤养分化验数据 33 600 项次。其中，大量元素 19 800 项次、中微量元素 7 200 项次。

测试方法简述：

（1）pH：土液比 1∶2.5，电位法。

（2）有机质：采用油浴加热重铬酸钾氧化容量法。

（3）全氮：采用凯氏蒸馏法。

（4）碱解氮：采用碱解扩散法。

（5）全磷：采用（选测 10%的样品）氢氧化钠熔融——钼锑抗比色法。

（6）有效磷：采用碳酸氢钠或氟化铵——盐酸浸提—钼锑抗比色法。

（7）全钾：采用氢氧化钠熔融——火焰光度计或原子吸收分光光度计法。

（8）速效钾：采用乙酸铵提取——火焰光度计法。

（9）缓效钾：采用硝酸提取——火焰光度计法。

（10）有效硫：采用磷酸盐——乙酸或氯化钙浸提—硫酸钡比浊法。

（11）阳离子交换量：（选测 10%的样品）采用 EDTA—乙酸铵盐交换法。

（12）有效铜、锌、铁、锰：采用 DTPA 提取——原子吸收光谱法。

（13）有效硼：采用沸水浸提——甲亚铵—H 比色法或姜黄素比色法。

三、田间试验

根据项目实施方案，对方山县的主栽作物玉米进行了田间肥效试验。依据试验的具体要求，结合方山县不同地理区域、不同土壤类型的分布状况及肥力水平等级，参照各区域玉米历年的产量水平，3 年共安排“3414”试验 30 个，校正试验 50 个。其中 2009 年“3414”试验 10 个，校正试验 20 个；2010 年 3414 试验 10 个，校正试验 20 个；2011 年“3414”试验 10 个，校正试验 10 个。每个试验点所需肥料、种子由县农技中心统一采购，统一称量分装，统一发放到承试户。各个试验点从试验地块的选择、土样采集、小区规划、适期播种、田间管理、观察记载、植株样采集、测产验收等各个环节均在技术人员的实地指导下组织实施，保证了田间试验结果的准确度，较好地完成了田间试验任务。

通过“3414”肥料效应试验，摸清了土壤养分校正系数、土壤供肥能力、作物养分吸收量和肥料利用率等基本参数；掌握了主要作物马铃薯和玉米在不同肥力水平地块的优化施肥量、施肥时期和施肥方法；构建了科学施肥模型，为完善测土配方施肥技术指标体系提供了科学依据。

通过校正试验，从养分投入量、作物产量、效益方面比较了配方施肥与对照之间的增产率、增收和产出投入比。客观评价了配方施肥效果和施肥效益，校正了配方施肥技术参数，验证和优化了肥料配方。进一步推进了方山县测土配方施肥技术的标准化、规范化。

四、配方设计

根据方山县 2009—2011 年 3 300 个采样点化验结果，应用养分平衡法计算公式，结合 2009—2011 年玉米、马铃薯“3414”试验初步获得的土壤丰缺指标及相应施肥量，制定了全县主要粮食作物玉米、马铃薯配方施肥总方案，即方山县的大配方。以每个采样地块所代表区域为一个配方小单元，提出 3 300 个精准小配方，即大配方小调整。

1. 玉米施肥方案

（1）产量水平 500 千克/亩以下：玉米产量 500 千克/亩以下的地块，氮肥（N）用量推荐为 6～8 千克/亩，磷肥（P_2O_5）用量为 4～6 千克/亩，速效钾（K_2O）用量为 1～3 千克/亩。

（2）产量水平 500～650 千克/亩：玉米产量 500～650 千克/亩的地块，氮肥（N）用量推荐为 9～11 千克/亩，磷肥（P_2O_5）用量为 6～8 千克/亩，速效钾（K_2O）用量为3～5 千克/亩。

（3）产量水平 650～750 千克/亩：玉米产量 650～750 千克/亩的地块，氮肥（N）用量推荐为 11～13 千克/亩，磷肥（P_2O_5）用量为 8～10 千克/亩，速效钾（K_2O）用量为 4～6 千克/亩。

（4）产量水平 750 千克/亩以上：玉米产量在 750 千克/亩以上的地块，氮肥（N）用量推荐为12～15千克/亩，磷肥（P_2O_5）用量为10～13千克/亩，速效钾（K_2O）用量为6～8千克/亩。

2. 马铃薯施肥方案

（1）产量水平1 000千克/亩以下：马铃薯产量1 000千克/亩以下的地块，氮肥（N）用量推荐为3～5千克/亩，磷肥（P_2O_5）用量为2～4千克/亩，速效钾（K_2O）用量为1～2千克/亩。

（2）产量水平1 000～1 500千克/亩：马铃薯产量1 000～1 500千克/亩的地块，氮肥（N）用量推荐为4～7千克/亩，磷肥（P_2O_5）用量为4～6千克/亩，速效钾（K_2O）用量为2～4千克/亩。

（3）产量水平1 500千克/亩以上：马铃薯产量在1 500千克/亩以上的地块，氮肥（N）用量推荐为5～9千克/亩，磷肥（P_2O_5）用量为5～8千克/亩，速效钾（K_2O）用量为3～5千克/亩。

所有配方磷肥和钾肥做基肥施用，氮肥2/3做基肥、1/3做追肥。做基肥时在播种前采用沟施，施肥深度10～20厘米，施后覆土；做追肥时在玉米、马铃薯拔节期与大喇叭口期采用穴施，施肥深度10～15厘米，施后覆土。

五、配方应用与效果评价

方山县施肥配方的应用主要采取2种方式：一是将主要农作物施肥配方总方案即大配方提供给定点配肥企业。即县农技中心根据土壤不同肥力状况，并参照肥料试验技术参数，制定出不同作物在不同产量水平下的养分配合比例，肥料生产企业按配方生产配方肥，通过服务体系供给农民施用。二是以每个精准小配方所代表的户数提出各户配方施肥建议，并发放到农民手中，农户自行购买单质肥料，按照配方卡各肥料的配合比例，在基层技术员指导下进行现配现用。全县共填写发放配方施肥建议卡13万份，入户率达96%。

根据全县300户玉米、马铃薯种植农户测土配方施肥实施情况的跟踪调查结果汇总表明：玉米配方推荐施肥平均增产13.33%，增效益16.30%，马铃薯配方推荐施肥平均增产16.53%，增效益14.29%。

六、配方肥加工与推广

1. 配方肥加工 根据方山县实际情况，配方肥的配制施用主要采取两种方式：一是配方肥由定点配肥企业生产供给。即县农技中心根据土壤不同肥力状况，并参照肥料试验技术参数，制定出不同作物在不同产量水平下的养分配合比例，肥料生产企业按配方生产配方肥，通过服务体系供给农民施用；二是农户自行购买单质肥料，按照配方卡各肥料的配合比例，在基层技术员指导下进行现配现用。方山县配方肥加工企业是山西省农业厅认定的供肥企业——山西省晨雨肥业有限公司。方山县为配方肥生产企业提供的配方见表6-1、表6-2。

表 6-1　方山县玉米施肥配方比例

单位：千克

玉　米　配　方			
N	P_2O_5	K_2O	总养分量
18	12	0	30
20	15	5	40
25	15	5	45

表 6-2　方山县马铃薯施肥配方比例

单位：千克

马　铃　薯　配　方			
N	P_2O_5	K_2O	总养分量
10	7	8	25
15	10	10	35
17	13	15	45

2. 配方肥推广　通过考察、洽谈，方山县的配方肥由山西省晨雨肥业有限公司生产供给。截至 2011 年制定配方 9 个，在推广过程中通过宣传、培训、县乡村三级科技推广网络服务、政府补贴等形式共完成配方肥施用面积 20 万亩，配方肥总量 6 000 吨，取得了显著效果。

七、数据库建设与图件制作

根据测土配方施肥项目数据库建立要求，按照农业部测土配方施肥数据字典格式，对项目实施 3 年来收集的各种信息数据进行了录入并分类汇总，建立了完整的测土配方施肥数据库，涉及田间试验、田间示范、采样地块基本情况、农户施肥情况、土样测试结果、植株测试结果、配方建议卡、配方施肥准确度评价、项目工作情况汇总等信息和数据，2011 年顺利完成了数据库升级转换。同时，以第二次土壤普查、历年土壤肥料田间试验、土壤详查等数据资料为基础，收集整理了本次野外调查、田间试验和土壤分析化验数据，委托山西农业大学资环学院建立了测土配方施肥属性数据库，绘制了土壤图、土地利用现状图、土壤各种养分含量分布图、采样点位图、测土配方施肥分区图，为下一步测土配方施肥工作的有序进行，耕地地力评价工作的顺利开展打好了坚实的础。

八、化验室建设

在原有化验设施的基础上，通过项目资金支持，结合项目要求，投资 21 万元购置了所需的仪器设备 24 台（件）；规范了总控室、测试室、分析室、浸提室、制水室、土样储存室和药品仪器存放室等；更新了化验台、药品架等基本实施；完善了水、电、暖等附属项目；建立健全了各操作室的规章制度。经过整合、修缮、更新，购置，基本建成了设施齐全、功能完善、符合项目要求的中心化验室。

样品化验数据的准确度是整个测土配方施肥的关键，为了很好地完成化验任务，我们采取走出去、请进来方式对化验人员进行了多形式的专业培训，基本掌握了分析化验的技能，化验过程中还聘请汾阳土肥站刘振玉站长等人进行技术指导，同时还积极参加了仪器生产厂家的不定期新仪器操作技能培训以及省、市土肥站举办的各种化验培训，使化验人员掌握了较高的化验技能。保证了各项化验任务的顺利完成。

九、技术推广应用

农民是各项农业新技术的最终实施者，为将测土配方施肥技术尽快应用于生产实践，转化成新的生产力，做了大量有效的工作。

1. 宣传培训 在方山县范围内采取深入农村办班培训、田间地头实地指导、利用集会散发资料、广播电视专题讲座、醒目位置书写标语等多种形式对测土配方施肥技术进行了全方位的宣传培训。经统计，方山县3年共组织各种培训160期，培训技术骨干350人次，培训营销人员120人次，培训农民8.5万人次。广播电视24次，报刊简报、墙体广告、网络宣传116条，技术咨询、现场会、观摩会11次，发放技术资料13万余份。通过大规模的宣传培训，使广大农民普遍掌握了测土配方施肥技术，营造了测土配方施肥技术的社会氛围，调动了社会各界支持参与测土配方施肥的积极性，推进了此项工作的顺利实施。

2. 发放施肥建议卡 根据方山县2009—2011年3 300个采样点化验结果，以每个采样点所代表区域为一个配方分区，提出3 300个配方母卡，再以每个母卡所代表的户数提出分区内各户配方施肥建议卡，并发放到农民手中，由各级农业技术人员指导农民全面实施。全县共填写发放配方施肥建议卡13万份，建议施肥卡内容按规程要求填写，既有化验结果、养分丰缺指标，又有2种施肥方案。为使施肥建议卡及时、有效地发放到农民手中，专门确立了建议卡发放程序，方山县农技中心负责设计填写施肥建议卡，乡镇农技员负责将施肥建议卡发放给各村分管农业的村委主任，村委主任负责将施肥建议卡发放到农户，农户收到施肥建议卡在签名表上签字。经抽查，施肥建议卡到户率达到96%。

3. 试验示范与推广 2009—2011年，方山县在完成30个“3414”试验、50个校正试验的基础上，方山县玉米、马铃薯万亩示范园3个，建立村级测土配方施肥示范方70个。通过以上工作的具体实施，有效地扩大了测土配方施肥项目在全县的影响，极大地提高农民对测土配方施肥技术的认识，使全县上下形成推广应用测土配方施肥技术的良好氛围，有力地促进了测土配方施肥技术的推广应用。2009—2011年，方山县共推广完成测土配方施肥技术面积60万亩，涉及全县169个行政村的34 000个农户，发放配方卡13万份，配方肥施用面积240万亩，配方肥施用总量6 000吨。

十、耕地地力评价

充分利用外业调查和分析化验等数据，结合第二次土壤普查、土地利用现状调查等成果资料，按照《全国耕地地力评价技术规范》要求，完成了全县耕地地力评价工作。将35万亩耕地划分为5个等级，相对于国家4～9级地；按照《全国中低产田类型划分与改良技术规范》，将314 223.81亩中低产田划分为3种类型，并提出改良措施。建立了耕地地力评价与利用数据库，建立了耕地资源信息管理系统，制作了方山县中低产田分布图、耕地地力等级图等图件，编写了耕地地力评价与利用技术报告和专题报告。

十一、技术研发与专家系统开发

专家系统开发有利于测土配方施肥技术研究，有利于测土配方施肥技术的宣传培训，有利于测土配方施肥成果的推广应用。配方施肥的最新成果能让农民通过网络，电话、电视、多媒体、现场培训等形式学习施肥新技术、应用配方成果。方山县专家系统开发，已在方山县农业技术推广中心开始试验并进行测土配方施肥研究和探讨与推广，已经取得了一定的进展。能够通过土壤测试结果进行肥力分区开展测土配方施肥技术指导和量化施肥，还可以在一定程度上开展进行养分平衡法计算施肥，因为这种方法在很大程度上依赖五大参数的准确度，由于参数较难准确确定，目前技术应用还有一定局限，有待进一步提高技术应用水平。为了方便群众咨询、更好地推进配方施肥综合成果应用，我们组建了方山县测土配方施肥技术指导专家组，以"方山县农业信息网"作为信息平台，进行网络咨询服务，并开通了测土配方施肥服务热线电话，区域内各级农业技术推广单位，各级分管农业的领导干部，科技示范户和种粮大户，以及广大农民群众都可以随时随地通过网络和热线电话咨询测土配方施肥技术。

第三节　田间肥效试验及施肥指标体系建立

根据农业部及山西省农业厅测土配方施肥项目实施方案的安排和山西省土壤肥料工作站制定的《山西省主要作物"3414"肥料效应田间试验方案》、《山西省主要作物测土配方施肥示范方案》所规定的标准，为摸清方山县土壤养分校正系数，土壤供肥能力，不同作物养分吸收量和肥料利用率等基本参数；掌握农作物在不同施肥单元的优化施肥量，施肥时期和施肥方法；构建农作物科学施肥模型，为完善测土配方施肥技术指标体系提供科学依据，从2009年起，在大面积实施测土配方施肥的同时，安排实施了各类试验示范163点次，取得了大量的科学试验数据，为下一步的测土配方施肥工作奠定了良好的基础。

一、测土配方施肥田间试验的目的

田间试验是获得各种作物最佳施肥品种、施肥比例、施肥时期、施肥方法的唯一途径，也是筛选、验证土壤养分测试方法、建立施肥指标体系的基本环节。通过田间试验，掌握各个施肥单元不同作物优化施肥数量，基、追肥分配比例，施肥时期和施肥方法；摸清土壤养分校正系数、土壤供肥能力、不同作物养分吸收量和肥料利用率等基本参数；构建作物施肥模型，为施肥分区和肥料配方设计提供依据。

二、测土配方施肥田间试验方案的设计

（一）田间试验方案设计

按照《规范》的要求，以及山西省农业厅土壤肥料工作站《测土配方施肥实施方案》的规定，根据方山县主栽作物玉米的实际种植情况，采用“3414”方案设计。“3414”的含义是指氮、磷、钾3个因素、4小水平、14个处理。4个水平的含义：0水平指不施肥；2水平指当地推荐施肥量；1水平＝2水平×0.5；3水平＝2水平×1.5（该水平为过量施肥水平）。玉米二水平处理的施肥量（千克/亩），N 14、P_2O_5 8、K_2O 8；校正试验设配方施肥示范区、常规施肥区、空白对照区3个处理。见表6-3、表6-4。

表6-3　氮磷二元二次肥料试验设计与“3414”方案处理编号对应表

试验编号	处理编码	施肥水平		
		N	P	K
1	$N_0P_0K_0$	0	0	0
2	$N_0P_2K_2$	0	2	2
3	$N_1P_2K_2$	1	2	2
4	$N_2P_0K_2$	2	0	2
5	$N_2P_1K_2$	2	1	2
6	$N_2P_2K_2$	2	2	2
7	$N_2P_3K_2$	2	3	2
8	$N_2P_2K_0$	2	2	0
9	$N_2P_2K_1$	2	2	1
10	$N_2P_2K_3$	2	2	3
11	$N_3P_2K_2$	3	2	2
12	$N_1P_1K_2$	1	1	2
13	$N_1P_2K_1$	1	2	1
14	$N_2P_1K_1$	2	1	1

表6-4　“3414”完全试验设计方案处理编制表

试验编号	处理编码	施肥水平		
		N	P	K
1	$N_0P_0K_0$	0	0	0
2	$N_0P_2K_2$	0	2	2
3	$N_1P_2K_2$	1	2	2
4	$N_2P_0K_2$	2	0	2
5	$N_2P_1K_2$	2	1	2
6	$N_2P_2K_2$	2	2	2

（续）

试验编号	处理编码	施肥水平		
		N	P	K
7	$N_2P_3K_2$	2	3	2
8	$N_2P_2K_0$	2	2	0
9	$N_2P_2K_1$	2	2	1
10	$N_2P_2K_3$	2	2	3
11	$N_3P_2K_2$	3	2	2
12	$N_1P_1K_2$	1	1	2
13	$N_1P_2K_1$	1	2	1
14	$N_2P_1K_1$	2	1	1

（二）试验材料

供试肥料分别为含量46%的尿素，含量为12%的颗粒磷肥，33%的硫酸钾。

三、测土配方施肥田间试验设计方案的实施

（一）地点与布局

在多年耕地土壤肥力动态监测和耕地分等定级的基础上，将方山县耕地进行高、中、低肥力区划，确定不同肥力的测土配方施肥试验所在地点，同时在对承担试验的农户科技水平与责任心、地块大小、地块代表性等条件综合考察的基础上，确定试验地块。试验田的田间规划、施肥、播种、浇水以及生育期观察、田间调查、室内考种、收获计产等工作都由专业技术人员严格按照田间试验技术规程进行操作。

测土配方施肥“3414”类试验在玉米、马铃薯上进行，不设重复。2009—2011年，在玉米、马铃薯上已进行“3414”类试验30点次，校正试验50点次。

（二）试验地块选择

试验地选择平坦、整齐、肥力均匀，具有代表性的不同肥力水平的地块；坡地选择坡度平缓、肥力差异较小的田块；试验地避开了道路、堆肥场所等特殊地块。

（三）试验作物品种选择

田间试验选择当地主栽作物品种。

（四）试验准备

整地、设置保护行、试验地区划；小区应单灌单排，避免串灌串排；试验前采集基础土壤样。

（五）测土配方施肥田间试验的记载

田间试验记载的具体内容和要求：

1. 试验地基本情况　包括：

地点：省、市、县、村、邮编、地块名、农户姓名。

定位：经度、纬度、海拔。

土壤类型：土类、亚类、土属、土种。

土壤属性：土体构型、耕层厚度、地形部位及农田建设、侵蚀程度、障碍因素、地下水位等。

2. 试验地土壤、植株养分测试 有机质、全氮、碱解氮、有效磷、速效钾、pH 等土壤理化性状，必要时进行植株营养诊断和中微量元素测定等。

3. 气象因素 多年平均及当年月气温、降水、日照和湿度等气候数据。

4. 前茬情况 作物名称、品种、品种特征、亩产量，以及 N、P、K 肥和有机肥的用量、价格等。

5. 生产管理信息 灌水、中耕、病虫防治、追肥等。

6. 基本情况记录 品种、品种特性、耕作方式及时间、耕作机具、施肥方式及时间、播种方式及工具等。

7. 生育期记录 播种期、播种量、平均行距、平均株距、出苗期、拔节期、大喇叭口期、抽雄期、吐丝期、灌浆期、成熟期等 。

8. 生育指标调查记载 亩株数、株高、穗位高、亩收获穗数、穗长、穗行数、穗粒数、千粒重、小区产量等。

（六）试验操作及质量控制情况

试验田地块的选择严格按方案技术要求进行，同时要求承担试验的农户要有一定的科技素质和较强的责任心，以保证试验田各项技术措施准确到位。

田间调查项目如基本苗、亩株数、亩成穗、小区产量等。

（七）数据分析

田间调查和室内考种所得数据，全部按照肥料效应鉴定田间试验技术规程操作，利用 Excel 程序和“3414”田间试验设计与数据分析管理系统进行分析。

四、田间试验实施情况

（一）试验情况

共安排“3414”完全试验 30 点次，校正试验 50 点次，分别设在 3 个乡（镇）的 4 个村庄。

（二）试验示范效果

完成“3414”试验 30 个，共获得三元二次回归方程 40 个，相关系数全部达到极显著水平。完成校正试验 50 点次，配方施肥比常规区平均亩增产玉米 13.33%，配方施肥比常规区平均亩增产马铃薯 16.53%。

五、初步建立了玉米、马铃薯测土配方施肥丰缺指标体系

（一）初步建立了作物需肥量、肥料利用率、土壤养分校正系数等施肥参数

1. 作物需肥量 作物需肥量的确定，首先应掌握作物 100 千克经济产量所需的养分量。通过对正常成熟的农作物全株养分的分析，可以得出各种作物的 100 千克经济产量所

需养分量。形成 100 千克经济产量所吸收的养分量玉米按照氮（N）2.57 千克、磷（P_2O_5）1.34 千克、钾（K_2O）2.14 千克计；马铃薯按照氮（N）0.5 千克、磷（P_2O_5）0.2 千克、钾（K_2O）1.06 千克计。

2. 土壤供肥量 土壤供肥量可以通过测定基础产量，土壤有效养分校正系数两种方法计算：

（1）通过基础产量计算：不施肥区作物所吸收的养分量作为土壤供肥量，计算公式：土壤供肥量＝［不施肥养分区作物产量（千克）÷100］×100 千克产量所需养分量（千克）。

（2）通过土壤养分校正系数计算：将土壤有效养分测定值乘一个校正系数，以表达土壤“真实”的供肥量。

确定土壤养分校正系数的方法是：校正系数＝缺素区作物地上吸收该元素量/该元素土壤测定值×0.15。根据这个方法，初步建立了方山县玉米、马铃薯田不同土壤养分含量下的碱解氮、有效磷、速效钾的校正系数。见表 6－5。

表 6－5 方山县玉米、马铃薯的土壤养分校正系数

作物	土壤养分	不同肥力土壤养分校正系数		
		高肥力	中肥力	低肥力
玉米	碱解氮	0.55	0.65	0.72
	有效磷	0.96	1.06	1.25
	速效钾	0.22	0.25	0.3
马铃薯	碱解氮	0.52	0.61	0.72
	有效磷	0.88	0.96	1.05
	速效钾	0.23	0.26	0.3

3. 肥料利用率 肥料利用率通过差减法来求出。方法是利用施肥区作物吸收的养分量减去不施肥区作物吸收的养分量，其差值为肥料供应的养分量，再除以所用肥料养分量就是肥料利用率。根据这个方法，初步得出方山县玉米、马铃薯田肥料利用率分别为：玉米氮肥利用率平均为 47.06%；马铃薯氮肥利用率平均为 13.51%。玉米磷肥利用率平均为 29.12%；马铃薯磷肥利用率平均为 3.99%。玉米钾肥利用率平均为 32.29%；马铃薯钾肥利用率平均为 30.27%。

4. 目标产量的确定方法 利用施肥区前 3 年平均单产和年递增率为基础确定目标产量，其计算公式是：

目标产量（千克/亩）＝（1＋年递增率）×前 3 年平均单产（千克/亩）

一般粮食作物的递增率为 10%～15%，露地蔬菜为 20%，设施蔬菜为 30%。

5. 施肥方法 最常用的施肥方法有条施、撒施深翻、穴施。基肥采用条施、撒施深翻或穴施，基肥一次性施入。追肥采用条施后中耕或穴施。施肥深度 8～10 厘米。基肥占施肥数量的 60%～70%，追肥占施肥数量的 30%～40%。

（二）初步建立了玉米、马铃薯施肥丰缺指标体系

通过对玉米“3414”各试验点相对产量与土测值的相关分析，按照相对产量低于

50%的土壤养分为极低；相对产量 50%～60%（不含）为低，60%～70%（不含）为较低，70%～80%（不含）为中，80%～90%（不含）为较高，90%（含）以上为高，6 个等级。初步建立了方山县玉米、马铃薯测土配方施肥丰缺指标体系。同时经过计算获得不同等级的推荐施肥量。见图 6-1、表 6-6。

1. 玉米碱解氮丰缺指标

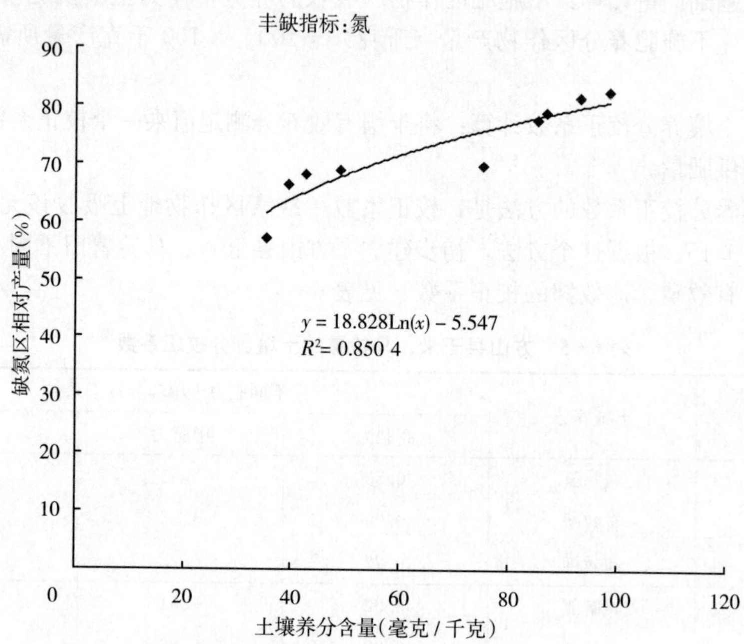

图 6-1　方山县土壤碱解氮与相对产量关系

表 6-6　方山县玉米碱解氮丰缺

等级	相对产量（%）	土壤碱解氮含量（毫克/千克）
极高	＞80	＞94.02
高	75～80	72.09～94.02
中	70～75	55.28～72.09
低	65～70	42.39～55.28
极低	＜65	＜42.39

产量水平（千克/亩）	肥力等级	土壤碱解氮含量（毫克/千克）	氮肥用量（千克/亩）
＞750	极低	＜42.39	15.3
	低	42.39～55.28	14.7～15.3
	中	55.28～72.09	13.1～14.7
	高	72.09～94.02	12.2～13.1
	极高	＞94.02	12.2

（续）

产量水平（千克/亩）	肥力等级	土壤碱解氮含量（毫克/千克）	氮肥用量（千克/亩）
650～750	极低	＜42.39	13.3
	低	42.39～55.28	12.5～13.3
	中	55.28～72.09	11.6～12.5
	高	72.09～94.02	11.1～11.6
	极高	＞94.02	11.1
500～650	极低	＜42.39	11.6
	低	42.39～55.28	10.8～11.6
	中	55.28～72.09	10.1～10.8
	高	72.09～94.02	9.2～10.1
	极高	＞94.02	9.2
＜500	极低	＜42.39	8.2
	低	42.39～55.28	7.5～8.2
	中	55.28～72.09	6.8～7.5
	高	72.09～94.02	5.8～6.8
	极高	＞94.02	5.8

2. 玉米有效磷丰缺指标　见表6-7、图6-2。

表6-7　方山县玉米碱解氮丰缺

产量水平（千克/亩）	肥力等级	土壤有效磷含量（毫克/千克）	磷肥用量（千克/亩）
＞750	极低	＜6	13.3
	低	6～9.15	12.2～13.3
	中	9.15～13.96	11.4～12.2
	高	13.96～17.25	10.5～11.4
	极高	＞17.25	10.5
650～750	极低	＜6	11.7
	低	6～9.15	10.7～11.7
	中	9.15～13.96	9.6～10.7
	高	13.96～17.25	8.5～9.6
	极高	＞17.25	8.5
500～650	极低	＜6	8.4
	低	6～9.15	7.4～8.4
	中	9.15～13.96	6.8～7.4
	高	13.96～17.25	5.8～6.8
	极高	＞17.25	5.8

（续）

产量水平（千克/亩）	肥力等级	土壤有效磷含量（毫克/千克）	磷肥用量（千克/亩）
<500	极低	<6	6.3
	低	6～9.15	5.7～6.3
	中	9.15～13.96	4.8～5.7
	高	13.96～17.25	4.1～4.8
	极高	>17.25	4.1

等级	相对产量（%）	土壤有效磷含量（毫克/千克）
极高	>90	>17.25
高	85～90	13.96～17.25
中	75～85	9.15～13.96
低	65～75	6～9.15
极低	<65	<6

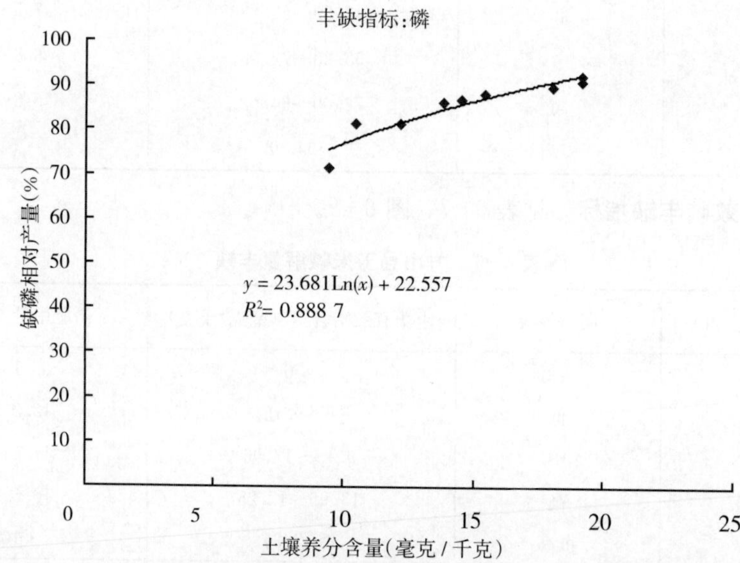

图 6-2　方山县土壤有效磷与相对产量关系

3. 玉米速效钾丰缺指标　见表 6-8、图 6-3。

表 6-8　玉米速效钾丰缺指标

等级	相对产量（%）	土壤速效钾含量（毫克/千克）
极高	>95	>186.57
高	90～95	163.13～186.57
中	85～90	142.64～163.13
低	80～85	124.73～142.64
极低	<80	<124.73

（续）

产量水平（千克/亩）	肥力等级	土壤速效钾含量（毫克/千克）	钾肥用量（千克/亩）
＞750	极低	＜124.73	8.2
	低	124.73～142.64	7.5～8.2
	中	142.64～163.13	6.8～7.5
	高	163.13～186.57	6.2～6.8
	极高	＞186.57	6.2
650～750	极低	＜124.73	6.3
	低	124.73～142.64	5.8～6.3
	中	142.64～163.13	4.9～5.8
	高	163.13～186.57	4.2～4.9
	极高	＞186.57	4.2
500～650	极低	＜124.73	5.4
	低	124.73～142.64	4.6～5.4
	中	142.64～163.13	3.9～4.6
	高	163.13～186.57	3.1～3.9
	极高	＞186.57	3.1
＜500	极低	＜124.73	3.7
	低	124.73～142.64	2.6～3.7
	中	142.64～163.13	1.9～2.6
	高	163.13～186.57	1.1～1.9
	极高	＞186.57	1.1

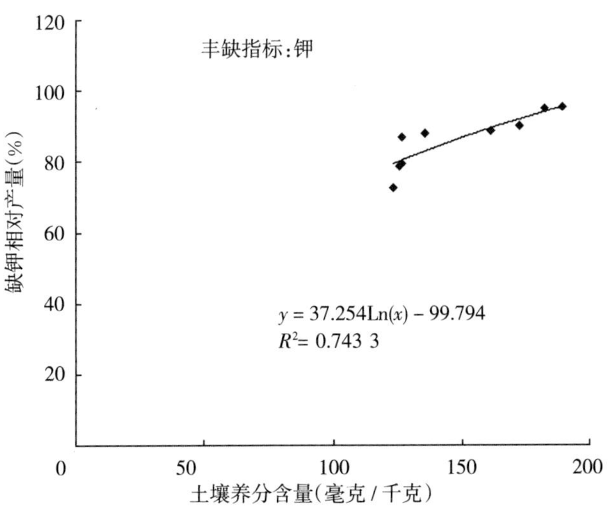

图 6－3　方山县土壤速效钾与相对产量关系

4. 马铃薯碱解氮丰缺指标 见表 6-9、图 6-4。

表 6-9 马铃薯碱解氮丰缺

等级	相对产量（%）	土壤碱解氮含量（毫克/千克）
极高	>78	>90.52
高	75～78	73.65～90.52
中	73～75	64.19～73.65
低	70～73	52.22～64.19
极低	<70	<52.22

产量水平（千克/亩）	肥力等级	土壤碱解氮含量（毫克/千克）	氮肥用量（千克/亩）
>1 500	极低	<52.22	9.4
	低	52.22～64.19	8.3～9.4
	中	64.19～73.65	7.2～8.3
	高	73.65～90.52	6.1～7.2
	极高	>90.52	6.1
1 000～1 500	极低	<52.22	7.6
	低	52.22～64.19	6.8～7.5
	中	64.19～73.65	5.9～6.8
	高	73.65～90.52	4.3～5.9
	极高	>90.52	4.3
<1 000	极低	<52.22	4.9
	低	52.22～64.19	3.8～4.9
	中	64.19～73.65	3.2～3.8
	高	73.65～90.52	2.6～3.2
	极高	>90.52	2.6

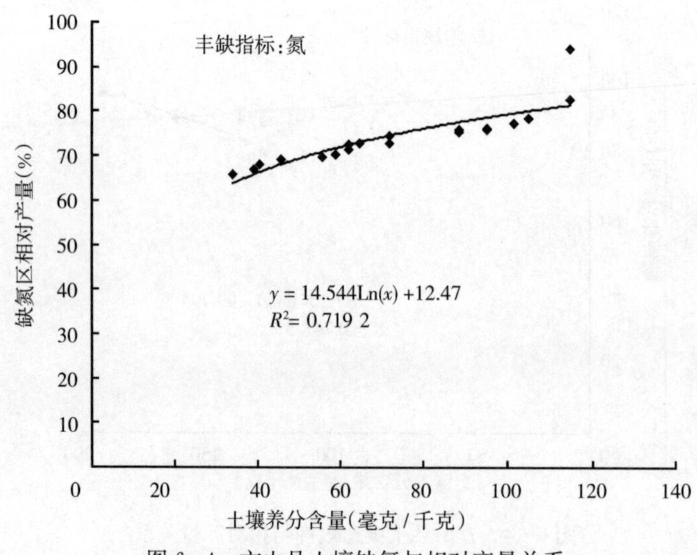

图 6-4 方山县土壤缺氮与相对产量关系

5. 马铃薯有效磷丰缺指标　见表 6-10、图 6-5。

表 6-10　马铃薯有效磷丰缺

等级	相对产量（%）	土壤有效磷含量（毫克/千克）
极高	>90	>13.56
高	89～90	12.55～13.56
中	88～89	11.61～12.55
低	84～88	8.52～11.61
极低	<84	<8.52

产量水平（千克/亩）	肥力等级	土壤有效磷含量（毫克/千克）	磷肥用量（千克/亩）
>1 500	极低	<8.52	8.1
	低	8.52～11.61	7.6～8.1
	中	11.61～12.55	6.6～7.6
	高	12.55～13.56	5.3～6.6
	极高	>13.56	5.3
1 000～1 500	极低	<8.52	6.2
	低	8.52～11.61	5.5～6.2
	中	11.61～12.55	4.8～5.5
	高	12.55～13.56	4.1～4.8
	极高	>13.56	4.1
<1 000	极低	<8.52	4.2
	低	8.52～11.61	3.5～4.2
	中	11.61～12.55	3.1～3.5
	高	12.55～13.56	2.4～3.1
	极高	>13.56	2.4

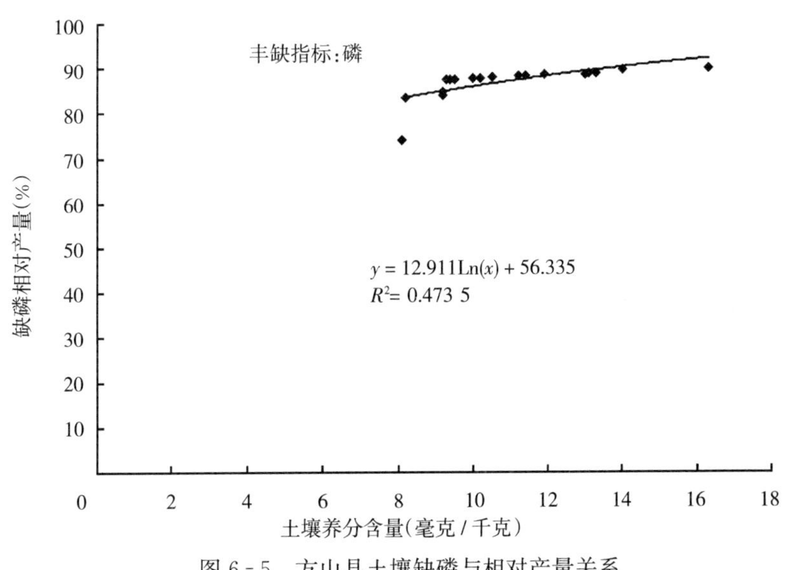

图 6-5　方山县土壤缺磷与相对产量关系

6. 马铃薯速效钾丰缺指标 见表 6-11、图 6-6。

表 6-11 马铃薯速效钾丰缺

等级	相对产量	土壤速效钾含量（毫克/千克）
极高	>80	>165.87
高	75～80	137.33～165.87
中	70～75	113.71～137.33
低	65～70	94.15～113.71
极低	<65	<94.15

产量水平（千克/亩）	肥力等级	土壤速效钾含量（毫克/千克）	钾肥用量（千克/亩）
>1 500	极低	<94.15	5.1
	低	94.15～113.71	4.3～5.1
	中	113.71～137.33	3.8～4.3
	高	137.33～165.87	2.5～3.8
	极高	>165.87	2.5
1 000～1 500	极低	<94.15	4.5
	低	94.15～113.71	3.6～4.5
	中	113.71～137.33	2.9～3.6
	高	137.33～165.87	2.2～2.9
	极高	>165.87	2.2
<1 000	极低	<94.15	2.6
	低	94.15～113.71	2.1～2.6
	中	113.71～137.33	1.8～2.1
	高	137.33～165.87	1.2～1.8
	极高	>165.87	1.2

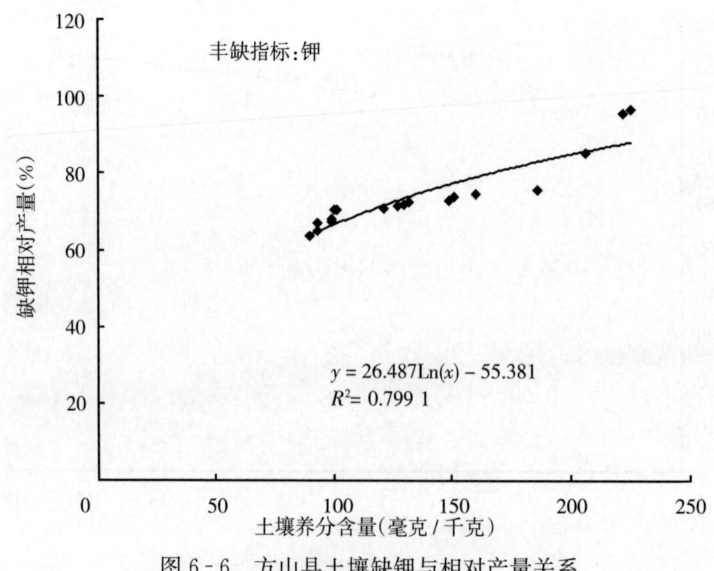

图 6-6 方山县土壤缺钾与相对产量关系

第四节 玉米测土配方施肥技术

一、玉米的需肥特征

（一）玉米对肥料三要素的需要量

玉米是需肥水较多的高产作物，一般随着产量提高，所需营养元素也在增加。玉米全生育期吸收的主要养分中。以氮为多、钾次之、磷较少。玉米对微量元素尽管需要量少，但不可忽视，特别是随着施肥水平提高，施用微肥的增产效果更加显著。

玉米单位籽粒产量吸氮量和吸磷量随产量的提高而下降，而吸钾量则随产量的提高而增加。产量越高，单位籽粒产品产量所需氮、磷越少，吸氮、磷的变幅也变小，也越有规律性，单位氮素效益不断提高。

综合试验数据，每生产 100 千克玉米籽粒，需吸收纯氮 2.57 千克、磷 1.34 千克、钾 2.14 千克。肥料吸收量常受播种季节、土壤、肥力、肥料种类和品种特性的影响。据多点试验，玉米植株对氮、磷、钾的吸收量常随产量的提高而增多。

（二）玉米对养分需求的特点

玉米吸收的矿质元素多达 20 余种，主要有氮、磷、钾三种大量元素，硫、钙、镁等中量元素，铁、锰、硼、铜、锌、钼等微量元素。

1. 氮 氮在玉米营养中占有突出地位。氮是植物构成细胞原生质、叶绿素以及各种酶的必要因素。因而氮对玉米根、茎、叶、花等器官的生长发育和体内的新陈代谢作用都会产生明显的影响。

玉米缺氮，株形细瘦，叶色黄绿。首先是下部老叶从叶尖开始变黄，然后沿中脉伸展呈楔形（V），叶边缘仍呈绿色，最后整个叶片变黄干枯。缺氮还会引起雌穗形成延迟，甚至不能发育，或穗小、粒少、产量降低。

2. 磷 磷在玉米营养中也占重要地位。磷是核酸、核蛋白的必要成分，而核蛋白又是植物细肥原生质、细胞核和染色体的重要组成部分。此外，磷对玉米体内碳水化合物代谢有很大作用。由于磷直接参与光合作用过程，有助于合成双糖、多糖和单糖；磷促进蔗糖的植株体内运输；磷又是三磷酸腺苷和二磷酸腺苷的组成成分。这说明磷对能量传递和贮藏都起着重要作用。良好的磷素营养，对培育壮苗、促进根系生长，提高抗寒、抗旱能力都具有实际意义。在生长后期，磷对植株体内营养物质运输、转化及再分配、再利用有促进作用。磷由茎、叶转移到果穗中，参与籽粒中的淀粉合成，使籽粒积累养分顺利进行。

玉米缺磷，幼苗根系发育减弱，生长缓慢，叶色紫红；开花期缺磷，抽丝延迟，雌穗受精不完全，发育不良，粒行不整齐；后期缺磷，果穗成熟推迟。

3. 钾 钾对维持玉米植株的新陈代谢和其他功能的顺利进行起着重要作用。因为钾能促进胶体膨胀，使细胞质和细胞壁维持正常状态，由此保证玉米植株多种生命活动的进行。此处，钾还是某些酶系统的活化剂，在碳水化合物代谢中起着重要作用。总之，钾对玉米生长发育以及代谢活动的影响是多方面的。如对根系的发育，特别是须根形成、体内淀粉合成、糖分运输、抗倒伏、抗病虫害都起着重要作用。

玉米缺钾，生长缓慢，叶片黄绿色或黄色。首先是老叶边缘及叶尖干枯呈灼烧状是其突出的标志。缺钾严重时，生长停滞、节间缩短、植株矮小；果穗发育不正常，常出现秃顶；籽粒淀粉含量减低，粒重减轻；容易倒伏。

4. 硼　硼能促进花粉健全发育，有利于授粉、受精，结实饱满。硼还能调节与多酚氧化酶有关的氧化作用。

玉米缺硼，在玉米早期生长和后期开花阶段植株呈现矮小，生殖器官发育不良，易成空秆或败育，造成减产。缺硼植株新叶狭长，叶脉间出现透明条纹，稍后变白变干；缺硼严重时，生长点死亡。

5. 锌　锌是对玉米影响比较大的微量元素，锌的作用在于影响生长素的合成，并在光合作用和蛋白质合成过程中起促进作用。

玉米缺锌，因生长素不足而细胞壁不能伸长，玉米植株发育甚慢，节间变短。幼苗期和生长中期缺锌，新生叶片下半部呈现淡黄色、甚至白色，故也叫“白苗病”；叶片成长后，叶脉之间出现淡黄色斑点或缺绿条纹，有时中脉与边缘之间出现白色或黄色组织条带或是坏死斑点，此时叶面都呈现透明白色，风吹易折；严重缺锌时，开始叶尖呈淡白色泽病斑，之后叶片突然变黑，几天后植株完全死亡。玉米中后期缺锌，使抽雄期与雌穗吐丝期相隔日期加大，不利于授粉。

6. 锰　玉米对锰较为敏感。锰对植物的光合作用关系密切，能提高叶绿素的氧化还原电位，促进碳水化合物的同化，并能促进叶绿素形成。锰对玉米的氮素营养也有影响。

玉米缺锰，其症状是顺着叶片长出黄色斑点和条纹，最后黄色斑点穿孔，表示这部分组织破坏而死亡。

7. 钼　钼是硝酸还原酶的组成成分。缺钼将减低硝酸还原酶的活性，妨碍氨基酸、蛋白质的合成，影响正常氮代谢。

玉米缺钼，植株幼嫩叶首先枯萎，随后沿其边缘枯死；有些老叶顶端枯死，继而叶边和叶脉之间发展枯斑甚至坏死。

8. 铜　铜是玉米植株内抗坏血酸氧化酶、多酚氧化酶等的成分，因而能促进代谢活动；铜与光合作用也有关系；铜又存在于叶绿体的质体蓝素中，它是光合作用电子供求关系体系的一员。

玉米缺铜，叶片缺绿，叶顶干枯，叶片弯曲、失去膨胀压，叶片向外翻卷。严重缺铜时，正在生长的新叶死亡。因铜能与有机质形成稳定性强的螯合物，所以高肥力地块易缺有效铜。

（三）玉米各生育期对三要素的需求规律

玉米苗期生长相对较慢，只要施足基肥，便可满足其需要；拔节以后至抽雄前，茎叶旺盛生长，内部的生殖器官同时也迅速分化发育，是玉米一生中养分需求最多的时期，必须供应足够的养分，才能达到穗大、粒多、高产的目的；生育后期，籽粒灌浆时间较长，仍需供应一定的肥、水，使之不早衰，确保灌浆充分。一般来讲，玉米有两个需肥关键时期，一是拔节至孕穗期；二是抽雄至开花期。玉米对肥料三要素的吸收规律为：

1. 氮素的吸收　玉米苗期至拔节期氮素吸收量占总氮量的10.4%～12.3%，拔节期至抽丝初期氮吸收量占总氮量的66.5%～73%，籽粒形成至成熟期氮的吸收量占总氮量的13.7%～23.1%。

随产量水平的提高，各生育阶段吸氮量相应增加，但各阶段吸氮量的增加量不同。如产量从每亩432.7千克提高到了每亩686千克，出苗至拔节期吸氮量约增加了1.22千克，拔节至吐丝期约增加了0.74千克，吐丝至成熟期则增加了3千克。随产量水平的提高，玉米在各阶段吸氮量的比例在拔节至吐丝期减少，吐丝期至成熟期，这一阶段的吸氮比例明显增加，因此，提高玉米产量，在适量增加前、中期吸氮的基础上，重点增加吐丝后的吸氮量。

2. 磷素的吸收　玉米苗期吸磷少，约占总磷量的1%，但相对含量高，是玉米需磷的敏感期；抽雄期吸磷达高峰，占总磷量的38.8%～46.7%；籽粒形成期吸收速度加快，乳熟至蜡熟期达最大值，成熟期吸收速度下降。

产量水平提高，各生育阶段吸磷量相应增加，但以吐丝至成熟阶段增加量为主，拔节至吐丝阶段其次。但随产量水平的提高，各生育阶段吸磷量占一生总吸磷量的比例前期略有增加，中期有所下降，后期变化不大。表明提高玉米产量，在增加前期吸磷的基础上，重点增加中后阶段特别是花后阶段的吸磷量。

3. 钾素的吸收　玉米钾素的吸收累计量在展三叶期仅占总量的2%，拔节后增至40%～50%，抽雄吐丝期达总量的80%～90%，籽粒形成期钾的吸收处于停止状态。由于钾的外渗、淋失，成熟期钾的总量有降低的趋势。

随产量水平的提高，各生育阶段吸钾量相应增加，但以拔节至吐丝阶段吸钾量增加最大，吐丝至成熟阶段其次，出苗至拔节阶段吸钾量增加量最少。因此，提高玉米产量，应重视各生育阶段，尤其是拔节至吐丝阶段群体的吸钾量。

二、高产栽培配套技术

1. 品种选择和处理　选用全县常年种植面积较大的永玉3号、大丰26、大丰30、先玉335、先玉528、强盛51、晋单81、大民3307等品种。种子质量要达国家一级标准，播前须进行包衣处理，以控制地老虎、蛴螬、蝼蛄等地下害虫，丝黑穗病、瘤黑粉病、大小斑病等病害的危害。

2. 秸秆还田，培肥地力　玉米收获后，及时将秸秆粉碎翻压还田，培肥地力。

3. 实行机械播种，地膜覆盖　4月中下旬，用玉米铺膜播种机进行播种，亩播量为2～2.5千克，1.2米一带，一带一膜，一膜双行，亩保苗3 000～4 000株，播种期不能太晚，确保苗全、苗齐、苗匀。

4. 病虫草害综合防治　方山县玉米生产中常见和多发的有害生物有：玉米蚜、红蜘蛛、玉米螟、地老虎、蛴螬、蝼蛄、金针虫、丝黑穗病、瘤黑粉病、粗缩病、大小斑病、杂草等。其防治的基本策略是：播种前清洁田园，压低病虫草基数；播种时选用抗、耐病（虫）品种并且选用包衣种子，杜绝种子带菌，消灭苗期病虫害。一旦发生病虫危害及时对症选用农药防治。玉米播后苗前，亩用250～300毫升40%乙莠水悬浮剂对水50千克喷于地表防除杂草。玉米2～6叶期亩用4%烟嘧磺隆油悬浮剂120毫升防治苗期单双子叶杂草。玉米 8～10 叶期，亩用 20%百草枯水剂 100～150 毫升/对水 50～75 千克行间定向喷雾防除杂草。在玉米大喇叭口期亩用辛硫磷颗粒剂 1.5 千克撒入玉米心叶内，防治玉米螟。7 月下旬后如有红蜘蛛发生，可用阿维菌素进行防治。

5. 适时收获、增粒重、促高产 一般情况下应蜡熟后期收获。

三、玉米施肥技术

1. 氮素的管理

$$总量控制：施氮量（千克/亩）=\frac{单位产量需氮量\times目标产量/100-土壤速效养分测定值\times0.15\times矫正系数}{0.40}$$

目标产量：根据方山县近年来的实际，按低、中、高三个肥力等级，目标产量设置为 500 千克/亩、600 千克/亩、700 千克/亩、800 千克/亩。

单位产量吸氮量：100 千克籽粒需氮 2.57 千克计算。

施肥时期及用量：要求分两次施入，第一次在播种时作基肥施入总量的 70%，第二次在大喇叭口期施入总量的 30%。

2. 磷、钾的管理 按每生产 100 千克玉米籽粒需 P_2O_5 1.34 千克，需 K_2O 2.14 千克。目标产量为 600 千克/亩时，亩玉米吸磷量为 600×1.34/100=8.04（千克），其中约 75%被籽粒带走。当耕地土壤有效磷低于 15 毫克/千克时，磷肥的管理目标是通过增施磷肥提高作物产量和土壤有效磷含量，磷肥施用量为作物带走量的 1.5 倍，施磷量（千克/亩）=8.04 千克/亩×75%×1.5；当耕地土壤有效磷为 15～25 毫克/千克时，磷肥的管理目标是维持现有土壤有效磷水平，磷肥用量等于作物带走量，磷肥量=5.16/亩×75%；当耕地土壤有效磷高于 25 毫克/千克时，施磷的增产潜力不大，每亩只适当补充 1～2 千克 P_2O_5 即可。

目标产量为 600 千克/亩时，亩玉米吸钾量为 600×2.14/100=12.84（千克），其中约 27%被籽粒带走。当耕地土壤速效钾低于 100 毫克/千克时，钾肥的管理目标是通过增施钾肥提高作物产量和土壤速效钾含量，钾肥施用量为作物带走量的 1.5 倍，亩施钾量为 12.84×27%×1.5；当耕地土壤速效钾在 100～150 毫克/千克时，钾肥的管理目标是维持现有土壤速效钾水平，钾肥施用量等于作物的带走量，亩施钾量为：12.84×27%；当耕地土壤速效钾在 150 毫克/千克以上时，施钾肥的增产潜力不大，一般地块可不施钾肥。

3. 不同地力等级氮、磷、钾肥施用量 见表 6-12。

表 6-12 方山县玉米测土施肥施肥量

单位：千克/亩

目标产量（千克）	耕地地力等级	氮（N）			磷（P_2O_5）			钾（K_2O）		
		低	中	高	低	中	高	低	中	高
<500	5～6	10	12	13	4	5	6	0	0	0
500	4～5	12	13	15	5	6	7	0	2	3
600	3～4	15	18	20	6	7	8	3	4	5

（续）

目标产量（千克）	耕地地力等级	氮（N）			磷（P_2O_5）			钾（K_2O）		
		低	中	高	低	中	高	低	中	高
700	2～3	17	20	21	7	8	9	6	7	8
800	1～2	18	20	22	8	9	10	7	8	9
＞800	1	20	22	25	10	11	12	8	9	10

4. 微肥用量的确定　方山县土壤多数缺锌，另外又由于土壤有效锌与有效磷呈反比关系，故锌肥的施用量为土壤有效磷较高时，亩施硫酸锌 1.5～2 千克，土壤有效磷为中时，亩施硫酸锌 1～1.5 千克，土壤有效磷为低时，亩用 0.2%的硫酸锌溶液在苗期连喷 2～3 次。

第五节　马铃薯测土配方施肥技术

一、马铃薯的需肥特征

（一）马铃薯的需肥量

马铃薯是高产喜钾作物，对肥料的反应极为敏感。据测定，每生产 100 千克鲜薯，约需从土壤中吸收纯氮（N）0.5 千克、磷（P_2O_5）0.2 千克、钾（K_2O）1.06 千克，氮磷钾的吸收比例为 1∶0.4∶2.12。所以，马铃薯对肥料三要素的需要以钾最多，氮次之，磷最少。随着马铃薯产量的提高，对氮、磷、钾的吸收量也相应提高。

（二）马铃薯对养分的需求特征

1. 氮　氮素肥料对马铃薯生长有重要作用，氮是作物体内许多重要有机化合物的组成部分，如蛋白质、叶绿素、生物碱和一些激素等都含有氮。氮素营养充足时，能促使马铃薯茎叶生长，枝叶繁茂，叶色浓绿，同化面积大，延长叶片功能期，光合作用旺盛，净光合生产率提高，利于养分积累，以提高块茎的干物质含量、蛋白质含量和产量。

施用氮肥过量时，会引起植株徒长，茎叶相互遮阴，叶片的光合效率降低，植株底部叶片不见光而变黄脱落，延迟结薯，降低产量。湿度大时，由于植株郁闭，通风透风性差，晚疫病发生严重，导致减产。种薯生产田过量施用氮肥，能使花叶病毒症状隐蔽，不利于拔除病株；同时延迟成龄株抗性形成，蚜虫传播病毒后，增殖快、运转到新生块茎中的速度快，导致种薯退化。

氮肥不足，特别是低温多雨年份，缺乏有机质或酸性过强的土壤，容易发生缺氮现象。植株缺氮，根系发育不良、生长缓慢，茎秆细弱，植株矮小，叶片小而薄，与茎的角度变小，叶色变成黄绿或灰绿、分枝少，开花早而花量少，植株基部叶片逐渐褪绿、脱落，并向顶部叶片扩展。严重缺氮时，植株生长后期，基部老叶全部呈黄色或黄白色，只有顶部很少的绿色叶片。马铃薯缺氮，不仅减产，而且影响块茎品质。

马铃薯高产植培应根据土壤类型，增施有机肥，合理施用氮肥。如由于缺氮，需要追肥时，必须在出齐苗后，早追氮肥，氮肥追施过晚，易引起茎叶徒长，影响结薯。

2. 磷 磷是植物体内多种重要化合物如核酸、核苷酸、磷脂等的组成成分，同时参与体内碳水化合物的合成，并参与碳水化合物分解成单糖，提供马铃薯生长的能量，以及脂肪代谢等。磷肥促进根系发育，增强植株的抗旱、抗寒能力和适应性。磷肥充足时，能提高氮肥利用效率，幼苗发育健壮，有利于植株体内各种物质的转化和代谢，促进植株早熟，增加块茎干物质和淀粉积累，提高块茎品质、增强耐贮性。

缺磷常发生在各种土壤中，特别是酸性、黏重土壤，有效态磷易被固定而不能为作物吸收，土壤中磷的利用率很低，马铃薯一般只能吸收10%，土壤中约90%的磷不能为马铃薯吸收利用，在沙质土壤中，保肥力差，更易发生缺磷现象。

磷肥不足，生育初期症状明显，根系的数量和长度减少，植株生长缓慢，茎秆矮小或细弱僵立，缺乏弹性，分枝减少，叶柄上竖，叶片变小，向上卷曲，叶色暗绿无光泽，光合效率低。严重缺磷的植株基部叶片叶尖褪绿变褐，逐渐向全叶扩展，叶片黄化，最后整个叶片枯萎脱落，并向下向上扩展到植株顶部。块茎开始形成、膨大和淀粉的积累都需要磷的参与，缺磷会减少匍匐茎数量、使块茎少而小，有时块茎薯肉会出现褐色斑，蒸煮时锈斑薯肉变硬，影响产量和品质。

为提高马铃薯产量，应重视磷肥施用。在马铃薯播种的同时，应以氮、磷、钾速效性复合颗粒肥作种肥施入播种沟内。尤其在酸性土、黏重土和沙性土种植马铃薯时，应特别注意施用磷肥。生育期间如发现缺磷，应及时进行叶面喷施0.1%～0.2%的磷酸二氢钾溶液，傍晚喷施，易于为植株吸收，一般喷施2～3次。

3. 钾 马铃薯为喜钾作物，需钾量很多。钾肥在马铃薯植株体不形成稳定的化合物，呈离子状态存在。钾主要起调节生理功能的作用，促进光合作用和提高二氧化碳的同化率，促进光合产物的运输，促进体内蛋白质、淀粉、纤维素的合成与积累。钾素调节细肥渗透作用，激活酶的活性，钾肥充足，植株生长健壮，茎秆坚实，叶片增厚，延迟叶片衰老，增强抗寒和抗病性。此外，钾素营养对马铃薯的品质有重要影响。

钾素不足，植株生长缓慢，节间缩短，植株呈丛生状；缺钾使植株基部叶片最先变成褐色或古铜色斑，以后坏死、枯萎，逐渐向中部、顶部叶片发展。小叶叶片小，叶表粗糙，叶尖及叶缘上卷，并由绿逐渐变为暗绿、黄褐色，最后发展至全叶。缺钾还会造成根系发育不良，吸收能力减弱，匍匐茎缩短，块茎变小，产量低，品质差，有的品种蒸煮时薯肉呈灰黑色。

方山县土壤中，钾的含量总体比较丰富，在目前生产水平，缺钾现象不太严重，但应重视施用钾肥。生育期间缺钾，要及时用0.2%～0.3%的磷酸二氢钾水溶液进行叶面喷施，每隔5～7天喷洒一次，连喷2～3次。

4. 钙 钙在块茎中的含量约占各种矿质营养元素的7%，相当于钾的1/4，含量虽少，但钙是马铃薯生长发育所必需的营养元素之一，钙是构成细胞壁的重要元素，还对细胞膜构成和渗透性以及在细胞伸长和分裂方面起重要作用。钙除作为营养供植株吸收利用外，还能中和土壤酸性，抑制其他元素的毒害作用。

当植株缺钙时，分生组织首先受害，植株的顶芽、侧芽、根尖等分生组织首先出现缺素症，细胞壁的形成受阻，从而影响细胞分裂，在植株形态上表现叶片变小，小叶边缘上卷而皱缩，叶缘黄化，后期坏死；茎节缩短，植株顶部呈丛生状，叶片、叶柄及茎上出现杂色斑点。缺钙时，块茎短缩、畸形，髓部出现褐色而分散的坏死斑点，易发生空心或黑心，贮藏后，出芽时，有时芽顶端出现褐色坏死，甚至全芽坏死。

一般种植马铃薯的土壤不会缺钙，但酸性土壤容易缺钙，特别是 pH≤4.5 的强酸性土壤，应施用石灰补充钙质，降低土壤酸性，对增产有良好效果。

5. 镁　镁是叶绿素的构成元素之一，因此它与植株的光合作用密切相关。镁也是多种酶的活化剂，影响呼吸作用，并影响核酸、蛋白质的合成和碳水化合物的代谢。

植株缺镁时首先影响到叶绿素的合成，其症状是从基部叶片的小叶边缘开始由绿变黄，逐渐发展到上部叶片，叶片脉间黄化，叶脉仍呈绿色。严重缺镁时，叶色由黄变褐，叶片变厚、变脆并向上卷曲，最后病叶枯萎脱落，植株早衰而严重减产。

缺镁多发生在砂质和酸性土壤。近年来，由于各地化肥的施用量迅速增加，土壤趋向酸性化，这是造成土壤缺镁的重要原因之一。此外，施用钾肥过多时，会抑制植株对镁的吸收，而引起缺镁。

在沙质土壤中增施镁肥，对马铃薯有较好的增产效果。土壤缺镁时，应沟施硫酸镁或其他含镁肥料（如钙镁磷肥等）；植株缺镁时，可用 0.5%的硫酸镁溶液进行叶面喷施，每隔 5～7 天喷施 1 次，直至植株的缺镁症状消失。

6. 硼　硼是马铃薯生长发育不可缺少的重要微量元素之一，虽然植株对硼的需要量很少，但硼对分生组织和新细胞的发育、花粉萌动及其生长、正常受粉、坐果和结籽都有重要作用。硼在植株体内能促进碳水化合物的合成、代谢、运转，以及细胞的分裂，加速植株生长和叶面积的形成，促进块茎中干物质和淀粉的积累。

植株缺硼时，生长缓慢，主茎和侧芽的生长点坏死，节间缩短，主茎基部有褐色斑点出现，分枝多，植株呈丛生状，叶片变厚且上卷，影响光合产物的运转，叶片内积累大量淀粉，类似卷叶病毒病；根尖顶端萎缩，支根增多，根系不能向深层发展，抗旱能力下降，块茎小，近匍匐茎端处薯皮变褐或产生裂缝，或局部维管束变褐。

一般贫瘠的沙质土壤容易缺硼。当土壤中有效硼含量≤0.5 毫克/千克时，可在基肥中施用硼酸 7.5 千克/公顷。

7. 锰　锰促进作物的光合作用，特别是氧的释放，能激活三羟酸循环中的某些酶，提高呼吸强度；在光合作用中，水的光解需要有锰参与。锰也是叶绿体的结构成分，缺锰时，叶绿体结构会被破坏解体。缺锰的症状发生在植株的上部，而下部叶片几乎不受影响。缺锰时叶片脉间失绿，逐渐黄化，有时顶部叶片向上卷曲，严重时，幼叶叶脉出现褐色坏死斑点。锰过多时，易发生毒害作用，最初在茎的基部和叶柄的基部产生条斑、条斑坏死或茎破裂，并逐渐向上发展。

当植株出现缺锰症状时，可进行叶面喷施 0.3%硫酸锰水溶液 1～2 次。

8. 铜　在马铃薯块茎形成与块茎增长的交替时期，微量元素铜对提高植株净光合生产率有特殊的作用。铜是含铜氧化酶的组成部分，能影响呼吸作用中的氧化还原过程，因此它能增强呼吸作用，提高蛋白含量，对增加叶绿素的含量，延缓叶片衰老，增强抗旱能力有良好作用。所以马铃薯有“喜铜作物”之称。在花期喷铜或铜、硼混合液，有增产效果。缺铜植株生长瘦弱，新生叶失绿发黄，呈调萎干枯状，叶尖发白卷曲，叶缘灰黄色，叶片上出现坏死斑点，分蘖或侧芽多，呈丛生状。繁殖器官发育受阻，种子呈秕粒。

9. 铁 铁是叶绿体和叶绿素合成所必需的，还是许多酶的组成成分和活化剂，参与光合作用、生物固氮作用、呼吸作用。马铃薯缺铁时，幼叶轻微失绿，并且有规则地扩展到整株叶片，继而失绿部分变成灰黄色。严重缺铁时，失绿部分几乎变成白色，向上卷曲，下部叶片保持绿色。

10. 锌 锌是植物体内多种酶的组成成分，参与多种酶的活动；又是吲哚乙酸（生长素）合成所必需的物质；促进光合作用；参与蛋白质的合成；促进生殖器官发育。缺锌时，植株中吲哚乙酸减少，株型异常，植株生长受阻，嫩叶褪绿并上卷，与早期卷叶病毒病症状相似，叶片上有褐色、青铜色斑点，以后变成坏死斑，叶柄和茎上也出现褐色斑点，叶片变薄变脆。锌含量过高，即当叶片中锌水平超过 400 毫克/千克，发生毒害，生长发育受抑制，尤其节间生长严重受阻，上部叶片边缘轻微褪色，下部叶片背面呈紫色。

当土壤缺锌时可结合施用基肥与土杂肥混合硫酸锌，每公顷混施 7.5～11 千克；也可于发棵期、结薯期、叶面喷施 0.3%硫酸锌溶液 1～2 次。

11. 钼 钼是硝酸还原酶和固氮酶的组成部分；参与光合作用和呼吸作用；促进有机含磷化合物的代谢；促进繁殖器官的形成。马铃薯缺钼时，下部老龄叶片上呈现明显的黄化和斑点，叶脉仍然保持绿色，而后失绿部分扩大。小叶叶缘显著地向上卷曲，尖端和叶缘处产生皱缩和死亡。新生叶片初呈绿色，随后逐渐失绿和发生卷曲。

（三）马铃薯各生育期需肥规律

马铃薯各生育期对营养物质有不同的要求。发芽至幼苗期，由于块茎中含有丰富的营养物质，从土壤中吸收养分较少，占全生育期的 25%左右。块茎形成期至块茎增长期，吸收养分较多，占全生育期的 50%以上，淀粉积累期吸收养分又趋减少，约占全生育期的 25%。

马铃薯在水分和根部营养元素充足的情况下，其植株生长越繁茂，所形成的块茎就越多。但在水肥不足，特别是 CO_2 气体营养缺乏的情况下，这个规律就不复存在。据研究证明，凡是地上部茎叶繁茂，生长势很强，但结薯少，产量很低的，主要与 CO_2 营养条件恶化有关。而增施大量有机肥料，是改善土壤理化状况，补充 CO_2 营养不足，提高光合强度的途径之一，也是获得马铃薯高产的一项有效措施。

二、马铃薯施肥技术

（一）肥料施用量

马铃薯主要种植于全县的梯田和小于 5°的坡地上。梯田土壤肥力较高，保水保肥性能好，土壤有机质多在 8.24 克/千克以上，有效磷为 11.13 毫克/千克左右。小于 5°的坡地耕作粗放，保水保肥性能差，土壤肥力相对较低，有机质一般在 8.07～8.24 克/千克，有效磷为 10.25 毫克/千克以下。目前产量水平在每亩 600～1 500 千克。本区配方施肥要从解决农家肥、磷肥不足出发，并注意微量元素肥料和钾肥的施用。

（1）沟坪地的土壤有机质含量为 8.4 克/千克以上，全氮含量在 0.74 克/千克左右，速效钾为 117 毫克/千克左右，有效磷为 11.53 毫克/千克左右。目标产量为每亩 1 000～1 500千克。在亩施农家肥 1 000 千克的基础上，每亩地需施纯 N 4～7 千克，P_2O_5 4～6

千克，K_2O 2～4 千克。

（2）梯田和垣地的土壤有机质含量为 8.07～8.24 克/千克，全氮 0.4～0.7 克/千克，有效磷为 11.1 毫克/千克左右，速效钾 98.4～113.4 毫克/千克。目标产量为 750～1 000 千克/亩。每亩在施农家肥 500 千克的基础上，每亩地需纯 N 3～5 千克，P_2O_5 2～4 千克，K_2O 1～2 千克。见表 6-13。

表 6-13　方山县马铃薯测土配方施肥量

单位：千克/亩

目前产量（千克）	耕地地力等级	氮施肥量（N）			磷施肥量（P_2O_5）			钾施肥量（K_2O）		
		低	中	高	低	中	高	低	中	高
750	4～5	5	4	3	4	2.5	2	2	1.5	1
1 000	3～4	7	6	4	4	3	1.5	7	3	0
1 250	1～2	9	7	5	7	4	2	10	5	2
1 500	1	10	8	5	6	4	2	10	7	2

锌肥对马铃薯有明显的增产效果。据有关试验，马铃薯每亩施 1.5 千克硫酸锌肥，比不施锌肥对照的马铃薯每亩增产 360 千克，增产幅度为 19%。因此马铃薯土壤应注意增施锌肥。

（二）施肥时期和方法

1. 基肥　马铃薯生育期间，应以基肥为主。有机肥、钾肥、大部分磷肥和氮肥都应作基肥，磷肥最好和有机肥混合沤制后施用。基肥可以在秋季或春季结合耕地沟施或撒施。微量元素肥料可混合 10 倍左右的细土条施，也可作种肥施用。

2. 种肥　马铃薯每亩用 5 千克尿素、5 千克普通过磷酸钙混合 100 千克有机肥播种时条施或穴施于薯块旁，有较好的增产效果。

3. 追肥　马铃薯一般在开花以前进行追肥，早熟品种应提前施用。开花以后不宜追施氮肥，可根外喷洒磷钾肥。追肥主要用速效氮肥，如尿素。每亩用量为纯氮 3 千克左右。

第七章　耕地地力调查与质量评价的应用研究

第一节　耕地资源合理配置研究

一、耕地数量平衡与人口发展配置研究

方山县现有耕地35.11万亩，2011年农业人口数量达11.7万人，人均耕地为2.99亩。从耕地保护形势看，由于方山县农业内部产业结构调整，退耕还林、公路、铁路、工业企业等基础设施等非农建设占用耕地，导致耕地面积逐年减少。从方山县人民的生存和全县经济可持续发展的角度出发，采取措施，实现全县耕地总量动态平衡刻不容缓。

实际上，方山县扩大耕地总量仍有很大潜力，只要合理安排，科学规划，集约利用，就完全可以兼顾耕地与建设用地的要求，实现社会经济的全面、持续发展；从控制人口增长，村级内部改造和居民点调整，退宅还田，围滩造地，开发复垦土地后备资源和废弃地等方面着手增大耕地面积。

二、耕地地力与粮食生产能力分析

（一）耕地粮食生产能力

耕地生产能力是决定粮食产量的决定因素之一。近年来，由于种植结构调整和建设用地，退耕还林等因素的影响，粮食播种面积在不断减少，而人口在不断增加，对粮食的需求量也在增加。保证全县粮食需求，挖掘耕地生产潜力已成为农业生产中的大事。

耕地的生产能力是由土壤本身肥力作用所决定的，其生产能力分为现实生产能力和潜在生产能力。

1. 现实生产能力　方山县现有耕地面积为35.11万亩，而中低产田就有31.42万亩之多，占总耕地面积的89.49%，这必然造成全县现实生产能力偏低的现状。再加之农民对施肥，特别是有机肥的忽视，以及耕作管理措施的粗放，这都是造成耕地现实生产能力不高的原因。2011年，全县粮食播种面积为34万亩，粮食总产量8 200.49万千克。

2. 潜在生产能力　生产潜力是指在正常的社会秩序和经济秩序下所能达到的最大产量。从历史的角度和长期的利益来看，耕地的生产潜力是比粮食产量更为重要的粮食安全因素。

方山县土地资源较为丰富，土质较好，光热资源充足。全县现有耕地中低于四级，即亩产量小于500千克的耕地约占总耕地面积的一半。经过对方山县地力等级的评价得出，全县粮食耕地生产潜力有待挖掘。

纵观方山县近年来的粮食、油料、蔬菜作物的平均亩产量和全县农民对耕地的经营状

况，全县耕地还有巨大的生产潜力可挖。如果在农业生产中加大有机肥的投入，采取配方施肥措施和科学合理的耕作技术，全县耕地的生产能力还可以提高。从近几年方山县对玉米配方施肥观察点经济效益的对比来看，配方施肥区较习惯施肥区的增产率都在12%左右，甚至更高。如果能进一步提高农业投入比重，提高劳动者素质，下大力气加强农业基础建设，特别是农田水利建设，稳步提高耕地综合生产能力和产出能力，实现农林牧的结合就能增加农民经济收入。

（二）不同时期人口、食品构成对粮食需求分析预测

农业是国民经济的基础，粮食是关系国计民生和国家自立与安全的特殊产品。从新中国成立初期到现在，全县人口数量、食品构成和粮食需求都在发生着巨大变化。新中国成立初期居民食品构成主要以粮食为主，也有少量的肉类食品，水果、蔬菜的比重很小。随着社会进步，生产的发展，人民生活水平逐步提高。到20世纪80年代初，居民食品构成依然为粮食为主，但肉类、禽类、油料、水果、蔬菜等的比重均有了较大提高。2012年，全县人口增至21.8万人，居民食品构成中，粮食所占比重有明显下降，肉类、禽蛋、水产量、乳制品、油料、水果、蔬菜、食糖却都占有相当比重。

方山县粮食人均需求按国际通用粮食安全400千克计，方山县人口自然增长率以6.2‰计，到2015年，共有人口22.55万人，方山县粮食需求总量预计将达9 020万千克。因此，人口的增加对粮食的需求产生了极大的影响，也带来了一定的危险性。

方山县粮食生产还存在着巨大的增长潜力。随着资本、技术、劳动投入、政策、制度等条件的逐步完善，全县粮食的产出与需求平衡，终将成为现实。

（三）粮食安全警戒线

粮食是人类生存和社会发展最重要的产品，是具有战略意义的特殊商品。粮食安全不仅是国家经济持续健康发展的基础，也是社会安定、国家安全的重要组成部分。2008年世界粮食危机已给一些国家经济发展和社会安定造成一定不良影响。近年来，受农资价格上涨，种粮效益低等因素影响，农民种粮积极性不高，全县粮食单产徘徊不前，所以必须对全县的粮食安全问题给予高度重视。

2011年，方山县的人均粮食占有量372千克，而当前国际公认的粮食安全警戒线标准为年人均400千克。

三、耕地资源合理配置意见

在确保粮食生产安全的前提下，优化耕地资源利用结构，合理配置其他作物占地比例。为确保粮食安全需要，对方山县耕地资源进行如下配置：全县农作物播种面积38.3万亩，35万亩耕地用于种植玉米、马铃薯、谷子等粮食作物和蔬菜、水果、中药材、油料等其他作物，以满足全县人民生活需求。

根据《土地管理法》和《基本农田保护条例》划定方山县基本农田保护区，将水利条件、土壤肥力条件好，自然生态条件适宜的耕地划为口粮和国家商品粮生产基地，长期不许占用。在耕地资源利用上，必须坚持基本农田总量平衡的原则。一是建立完善的基本农田保护制度，用法律保护耕地；二是明确各级政府在基本农田保护中的责任，严控占用保

护区内耕地，严格控制城乡建设用地；三是实行基本农田损失补偿制度，实行谁占用、谁补偿的原则；四是建立监督检查制度，严厉打击无证经营和乱占耕地的单位和个人；五是建立基本农田保护基金，县政府每年投入一定资金用于基本农田建设，大力挖掘潜在存量土地；六是合理调整用地结构，用市场经营利益导向调控耕地。

同时，在耕地资源配置上，要以粮食生产安全为前提，以农业增效、农民增收为目标，逐步提高耕地质量，调整种植业结构，推广应用优质、高效、高产、生态、安全栽培技术，生产优质农产品，提高耕地利用率。

第二节　耕地地力建设与土壤改良利用对策

一、耕地地力现状及特点

此次调查与评价共涉及耕地土壤点位 3 300 个，经过历时 3 年的调查分析，基本查清了全县耕地地力现状与特点。

通过对方山县土壤养分含量的分析得知：耕地土壤有机质平均含量为 10.68 克/千克，四级水平；全氮平均含量为 0.65 克/千克，四级水平；有效磷平均含量为 10.13 毫克/千克，四级水平；速效钾平均含量为 128.02 毫克/千克，四级水平；缓效钾平均含量为 827.57 毫克/千克，三级水平；有效铁平均含量为 6.83 毫克/千克，四级水平；有效锰平均值为 8.52 毫克/千克，四级水平；有效铜平均含量为 0.91 毫克/千克，四级水平；有效锌平均含量为 1.23 毫克/千克，三级水平；有效硼平均含量为 0.22 毫克/千克，五级水平；有效硫平均含量为 26.2 毫克/千克，四级水平；pH 平均值为 8.65。

（一）耕地土壤养分含量变化明显

从这次调查结果看，随着农业生产的发展及施肥、耕作经营管理水平的变化，耕地土壤有机质及大量元素也随之变化。与 1982 年全国第二次土壤普查时的耕层养分测定结果相比，土壤有机质平均含量 10.65 克/千克，属四级水平，比第二次土壤普查 27.1 克/千克减小了 16.45 克/千克；全氮平均含量 0.65 克/千克，属四级水平，比第二次土壤普查 11.42 克/千克减小了 0.77 克/千克；有效磷平均含量 10.13 毫克/千克，属四级水平，比第二次土壤普查 5.38 毫克/千克减少了 4.75 毫克/千克；速效钾平均含量 128.02 毫克/千克，属四级水平，比第二次土壤普查 117.5 毫克/千克增加了 10.52 毫克/千克。

（二）耕作历史悠久，土壤熟化度高

方山县农业历史悠久，土质良好，绝大部分耕地质地为轻壤，加之多年的耕作培肥，土壤熟化程度高。据调查，有效土层厚度平均达 150 厘米以上，耕层厚度为 15～25 厘米，适种作物广，生产水平高。

二、存在的主要问题及原因分析

（一）中低产田面积较大

据调查，方山县共有中低产田面积 31.4 万亩，占耕地总面积 89.49%。共分为坡地

梯改型、瘠薄培肥型、干旱灌溉型 3 种类型。

中低产田面积大，类型多。主要原因：一是自然条件恶劣，全县地形复杂，梁、峁、沟、壑具全，水土流失严重；二是农田基本建设投入不足，中低产田改造措施不力；三是耕地土壤施肥投入不足，尤其是有机肥施用量仍处于低水平状态。

（二）耕地地力不足，耕地生产率低

方山县耕地虽然经过山、水、田、林、路综合治理，农田生态环境不断改善，耕地单产、总产呈现上升趋势。但近年来，农业生产资料价格一再上涨，农业成本较高，甚至出现种粮赔本现象，大大挫伤了农民种粮的积极性。一些农民通过增施化肥取得产量，耕作粗放，结果致使土壤结构变差，造成土壤肥力降低。

（三）施肥结构不合理

作物每年从土壤中带走大量养分，主要是通过施肥来补充，因此，施肥直接影响到土壤中各种养分的含量。近几年来施肥上存在的问题，突出表现在“五重五轻”：第一，重特色产业，轻普通作物；第二，重复混肥料，轻专用肥料。随着我国化肥市场的快速发展，复混（合）肥异军突起，其应用对土壤养分变化也有影响，许多复混（合）肥杂而不专，农民对其依赖性较大，而对于自己所种作物需什么肥料、土壤缺什么元素并不清楚，导致盲目施肥；第三，重化肥使用，轻有机肥使用。近些年来，农民将大部分有机肥施于菜田，特别是优质有机肥，而占很大比重的耕地有机肥却施用不足。第四，重氮磷肥轻钾肥；第五，重大量元素肥轻中微量元素肥。

三、耕地培肥与改良利用对策

（一）多种渠道提高土壤有机质

1. 增施有机肥，提高土壤有机质 近几年，由于农家肥来源不足和化肥的发展，方山县耕地有机肥施用量不够。可以通过以下措施加以解决。①广种饲草，增加畜禽，以牧养农；②大力种植绿肥。种植绿肥是培肥地力的有效措施，可以采用粮肥间作或轮作制度；③大力推广秸秆粉碎翻压还田，这是目前增加土壤有机质最有效的方法。

2. 合理轮作，挖掘土壤潜力 不同作物需求养分的种类和数量不同，根系深浅不同，各种作物遗留残体成分也有较大差异。因此，通过不同作物合理轮作倒茬，保障土壤养分平衡。要大力推广粮、油轮作，经、粮间作，立体种植等技术模式，实现土壤养分协调利用。

（二）巧施氮肥

速效性氮肥极易分解，通常施入土壤中的氮素化肥的利用率只有 25%～50%，或者更低。这说明施入土壤中的氮素，挥发渗漏损失严重。所以在施用氮肥时一定注意施肥量、施肥方法和施肥时期，提高氮肥利用率，减少损失。

（三）重施磷肥

方山县地处黄土高原，大多为灰褐土性土土壤，土壤中的磷常被固定，而不能发挥肥效。加上长期以来群众重氮轻磷，作物吸收的磷得不到及时补充。试验证明，在缺磷土壤上增施磷肥增产效果明显，配合增施人粪尿、畜禽肥等有机肥，其中的有机酸和腐殖酸可

以促进非水溶性磷的溶解，提高磷素的活性。

(四) 因土施用钾肥

方山县土壤中钾的含量虽然在短期内不会成为限制农业生产的主要因素，但随着农业生产进一步发展和作物产量的不断提高，土壤中有效钾的含量也会处于不足状态，所以在生产中，定期监测土壤中钾的动态变化，及时补充钾素。

(五) 注重施用微肥

微量元素肥料，作物的需要量虽然很少，但对提高农产品产量和品质却有大量元素不可替代的作用。据调查，全县土壤硼、锌等含量均不高，近年来谷子施硼、玉米施锌施钾试验，增产效果很明显。

(六) 因地制宜，改良中低产田

方山县中低产田面积比例大，影响了耕地地力水平。因此，要从实际出发，分类配套改良技术措施，进一步提高全县耕地地力质量。

四、成果应用与典型事例

典型 1：方山县圪洞镇中低产田改造综合技术应用

圪洞镇位于方山县县城，总耕地面积 3.2 万亩，其中中低产田 2.4 万亩。种植作物以玉米、谷黍、核桃等为主，其中玉米面积占总面积的 1/3。年降水量 400 毫米左右，无霜期 90～120 天，土壤有机质含量为 9.61 克/千克。2010—2011 年，在圪洞镇的石站头村、南洼村、胡家岭村、秦家坡村、果则园村、东胜山村、水沟村、糜家塔村、高家庄村、建军庄村、潘家坂村、前东旺坪村、后东旺坪等 13 个村的中低产田推广了增施精制有机肥技术，面积达到 7 300 亩，现将其经验总结如下：

(1) 增施精制有机肥：对 3 100 亩中低产田全部实施了增施精制有机肥，亩施用量为 150 千克，实施后，玉米亩增产达到 70 千克以上。而且有效地改良了土壤的理化性状。

(2) 修筑地埂：通过对 3 100 亩中低产田进行了地埂整修和里切外垫，达到了保水、保肥、保土的“三保田”效果，为粮食增产、农民增收创造了必要的条件。

(3) 取得明显的经济效益：圪洞镇在中低产田实施增施精制有机肥、整修地埂、里切外垫等技术，土壤墒情、容重、养分含量有了较大改善，产量明显提高。

表 7-1　土壤 0～20 厘米含水量测定记载

单位：%

处理	播种期	拔节期	喇叭期	灌浆期	成熟期
实施后	11.25	11.70	10.65	18.25	10.67
实施前	9.22	9.80	8.90	16.55	8.85
增　减	+2.03	+1.90	+1.75	+1.70	+1.82

从表 7-1 中可知，玉米实施前后的土壤含水量在播种期高 2.03 个百分点，拔节期高 1.90 个百分点，喇叭期 1.75 个百分点，灌浆期高 1.70 个百分点，成熟期高 1.82 个百分点。

表 7-2　土壤容重测定记载

单位：克/立方厘米

处理	0～25 厘米	25～50 厘米
实施后	1.05	1.25
实施前	1.18	1.36
增　减	−0.13	−0.11

从表 7-2 中可知，玉米实施前后，0～25 厘米土壤容重减少 0.13 克/立方厘米，25～50 厘米土壤容重减少 0.11 克/立方厘米。

表 7-3　土壤养分测定记载

处理	有机质（克/千克）		碱解氮（毫克/千克）		有效磷（毫克/千克）		速效钾（毫克/千克）	
	0～25 厘米	25～50 厘米	0～25 厘米	25～50 厘米	0～25 厘米	25～50 厘米	0～25 厘米	25～50 厘米
实施后	13.8	8.9	70	67	9.63	4	90	82
实施前	10.8	8.6	65.2	64	5.5	4	85	80
增　减	+3	+0.3	+4.80	+3	+4.13	0	+5	+2

从表 7-3 中可知，玉米实施前后，0～25 厘米土壤有机质增加 3 克/千克，解碱氮增加 4.80 毫克/千克，速效磷增加 1 毫克/千克，速效钾增加 5 毫克/千克。

经多点测产，玉米平均亩产 520 千克，较对照田亩产 450 千克，亩增产 70 千克，增产率 15.56%，亩增收 140 元，除去化肥、种子亩投资 40 元，净增收 100 元。7 300 亩共增加产量 51.1 万千克，增加收入 73 万元。

典型 2：方山县北武当镇韩庄村测土配方施肥技术应用

方山县北武当镇韩庄村地处方山县城南 23 千米处，全村 460 户，1 630 人，耕地面积为 3440 亩，人均耕地 2.11 亩，劳动力 610 人，其中从事主导产业劳动力 400 人，占全村劳动力 65.57 %。韩庄村属温带大陆性半干旱气候，四季分明，日照充足，年平均降水量 540 毫米，年平均蒸发量 1 700 毫米，年≥10℃的积温 3 200℃，无霜期 120 天左右，年日照时数 2 863.6 小时。2010 年全村人均纯收入 2 600 元。耕地土壤类型以褐土为主，种植制度一年一熟为主，种植以玉米为主，2009 年前玉米亩产量 500 千克左右，施肥习惯为玉米亩施硝酸磷 40 千克，盲目施肥和低投入是农业生产主要症结，2009—2011 年，实施测土配方以来，该村农业生产悄然发生了变化，玉米亩产量由 500 千克提高到 600 千克，增加经济效益 30 万元。

（1）宣传培训抓到村、家家都有明白人：为了把测土配方施肥技术在韩庄村扎扎实实落实到每一户，每一块地，市、县土肥站技术人员深入到村，举办了 3 期培训班，就测土配方施肥的原理、方法、效益进行了详细介绍，受训人员达 600 人次，使全村家家户户都有一名掌握测土配方施肥技术的明白人。同时我们把测土配方施肥宣传挂图发到每一户，组织观看测土配方宣传光盘 12 次，观看农民达 400 人次。使全村农民都基本掌握了各种肥料的特性、功能和科学使用方法。

（2）依靠市、县土壤肥料工作站，庄稼吃上“营养餐”：测土配方施肥技术的核心是测土，测土的准确性是决定配方施肥成败的关键。为了使土壤定结果准确，代表性全面，县农技中心根据该村的特点，制定了详细的采土方案，全村共化验土壤样品65个，每个土样分析项目12项，根据化验结果统计，全村土壤有机质10.66克/千克，有效磷10.28毫克/千克，碱解氮45.5毫克/千克，速效钾134.2毫克/千克，其他微量元素含量都在临界值以上。近期制约农作物产量的主要养分因子为氮、磷、钾3种。

第三节 农业结构调整与适宜性种植

近些年来，方山县农业的发展和产业结构调整工作取得了突出的成绩，但干旱、瘠薄、坡地致使土壤肥力有所减退，抗灾能力薄弱，生产结构不良等问题，仍然十分严重。因此，为适应21世纪我国农业发展的需要，增强方山县优势农产品参与市场竞争的能力，有必要进一步对全县的农业结构现状进行战略性调整，从而促进全县高效农业的发展，实现农民增收。

一、农业结构调整的原则

为适应我国社会主义农业现代化的需要，在调整种植业结构中，遵循下列原则：

一是与国际农产品市场接轨，以增强全县农产品在国际、国内经济贸易中的竞争力为原则。

二是以充分利用不同区域的生产条件、技术装备水平及经济基础条件，达到趋利避害，发挥优势的调整原则。

三是以充分利用耕地评价成果，正确处理作物与土壤间、作物与作物间的合理调整为原则。

四是采用耕地资源管理信息系统，为区域结构调整的可行性提供宏观决策与技术服务的原则。

五是保持行政村界线的基本完整的原则。

根据以上原则，在今后一段时间内将紧紧围绕农业增效、农民增收这个目标，大力推进农业结构战略性调整，最终提升农产品的市场竞争力，促进农业生产向区域化、优质化、产业化发展。

二、农业结构调整的依据

通过本次对方山县种植业布局现状的调查，综合验证，认识到目前的种植业布局还存在许多问题，需要在区域内部加大调整力度，进一步提高生产力和经济效益。

根据此次耕地质量的评价结果，安排全县的种植业内部结构调整，应依据不同地貌类型耕地综合生产能力和土壤环境质量两方面的综合考虑，具体为：

一是按照不同地貌类型，因地制宜规划，在布局上做到宜农则农，宜林则林，宜牧则牧。

二是按照耕地地力评价出一至五个等级标准，在各个地貌单元中所代表面积的数值衡量，以适宜作物发挥最大生产潜力来分布，做到高产高效作物分布在一至二级耕地为宜，中低产田应在改良中调整。

三是按照土壤环境的污染状况，在面源污染、点源污染等影响土壤健康的障碍因素中，以污染物质及污染程度确定，做到该退则退，该治理的采取消除污染源及土壤降解措施，达到无公害绿色产品的种植要求，来考虑作物种类的布局。

三、土壤适宜性及主要限制因素分析

方山县土壤因成土母质不同，土壤质地也不一致，总的来说，方山县的土壤大多为沙壤质地，在农业上是一种质地理想的土壤，其性质兼有沙土和壤土之优点，而克服了沙土和黏土之缺点。它既有一定数量的大孔隙，还有较多的毛管孔隙，故通透性好，保水保肥性较强，耕性好，宜耕期长，好捉苗，发小又养老。

因此，综合以上土壤特性，方山县土壤适宜性强，玉米、马铃薯、谷子、杂粮等粮食作物及经济作物，如蔬菜、西瓜、药材、苹果、核桃等都适宜在全县种植。

但种植业的布局除了受土壤质地作用外，还要受到地理位置、水分条件等自然因素和经济条件的限制，在山地、丘陵等地区，由于此地区沟壑纵横，土壤肥力较低，土壤较干旱，气候凉爽，农业经济条件也较为落后。因此，要在管理好现有耕地的基础上，将智力、资金和技术逐步转移到非耕地的开发上，大力发展林、牧业，建立农、林、牧结合的生态体系，使其成为林、牧产品生产基地。在沿河地区由于土地平坦，水源较丰富，是方山县土壤肥力较高的区域，故应充分利用地理、经济、技术优势，在不放松粮食生产的前提下，积极开展多种经营，实行粮、菜、果全面发展。

在种植业的布局中，必须充分考虑到各地的自然条件、经济条件，合理利用自然资源，对布局中遇到的各种限制因素，应考虑到它影响的范围和改造的可行性，合理布局生产，最大限度地、持久地发掘自然的生产潜力，做到地尽其力。

四、种植业布局分区建议

根据方山县种植业结构调整的原则和依据，结合本次耕地地力调查与质量评价结果，将方山县划分为两大产业带，即沿北川河东西两山，以种植小杂粮和核桃为主，以县城为中心区域，县城以北，主要以种植马铃薯、玉米为主，县城以南的河谷地带，以种植蔬菜、玉米为主。

（一）玉米、马铃薯、蔬菜产业区域

1. 区域特点　本区土壤肥沃，地势平坦，交通便利，主要为方山县的一级、二级耕地。适宜发展优质、高效农业。

2. 发展方向　坚持“以市场为导向、以效益为目标”的原则，主攻玉米、马铃薯、蔬菜的生产，建立无公害、绿色、有机蔬菜生产基地。该区域发展无公害大田蔬菜和设施

蔬菜5 000亩，优质玉米5万亩，建设2个万亩玉米高产示范方，玉米单产达到600千克/亩以上，蔬菜亩收入达到3 000元，设施蔬菜亩收入达到30 000元。

3. 主要保障措施

(1) 良种良法配套，提高品质，增加产出，增加效益。

(2) 增施有机肥料，有效提高土壤有机质含量。

(3) 重点建好日光温室基地，发展无公害、绿色、有机果菜，提高市场竞争力。

(4) 加强技术培训，提高农民素质。

(二) 核桃、小杂粮产业区域

1. 区域特点 本区地广人稀，土壤贫瘠，沟壑纵横。

2. 种植业发展方向 本区以小杂粮、核桃为发展方向，大力发展核桃、小杂粮等作物，按照市场需求和粮食加工业的要求，优化结构，合理布局，引进新优品种，建立无公害、绿色食品生产基地。

3. 主要保障措施

(1) 加大土壤培肥力度，全面推广多种形式的秸秆还田技术，增施有机肥，以增加土壤有机质，改良土壤理化性状。

(2) 注重作物合理轮作，坚决杜绝连茬多年的习惯。

(3) 全力以赴搞好绿色、无公害、有机农产品基地建设，通过标准化建设、模式化管理、无害化生产技术应用，使基地取得明显的经济效益和社会效益。

(4) 搞好测土配方施肥，增加微肥的施用。

(5) 进一步抓好平田整地，整修梯田，建设"三保田"。

(6) 积极推广旱作技术和高产综合配套技术，提高科技含量。

五、农业远景发展规划

方山县农业的发展，应进一步调整和优化农业结构，全面提高农产品品质和经济效益，建立和完善全县耕地质量管理信息系统，随时服务布局调整，从而有力促进全县农村经济的快速发展。现根据各地的自然生态条件、社会经济条件，特提出2015年远景发展规划如下：

一是全县粮食占有耕地26万亩，平均亩产300千克，总产量7 800万千克以上。

二是集中在圪洞镇、峪口镇、大武镇建设2万亩核桃干果基地。

三是在北川河东西两山建设以谷子、豆类为主的优质小杂粮生产基地10 000亩，平均亩产180千克，总产量达到180万千克。

四是实施无公害、绿色、有机农产品生产基地建设工程。即到2015年无公害、绿色、有机马铃薯、蔬菜生产基地发展到5万亩；无公害、绿色、有机玉米生产基地发展到3万亩；到2015年无公害、绿色、有机农产品认证10个，产地认证4个。

五是建立3 000亩日光温室、塑料大棚反季节设施蔬菜生产基地，总产值9 000万元。综上所述，面临的任务是艰巨的，困难也是很大的，所以要下大力气克服困难，努力实现既定目标。

第四节　耕地质量管理对策

一、建立依法管理体制

耕地地力调查与质量评价成果为方山县耕地质量管理提供了依据，耕地质量管理决策的制定，成为全县农业可持续发展的核心内容。

（一）工作思路

以发展优质、高产、高效、生态、安全农业为目标，以耕地质量动态监测管理为核心，以耕地地力改良利用为重点，满足人民日益增长的农产品需求。

（二）建立完善的行政管理机制

1. 制定总体规划　坚持"因地制宜、统筹兼顾，局部调整、挖掘潜力"的原则，制定全县耕地地力建设与土壤改良利用总体规划。实行耕地用养结合，划定中低产田改良利用范围和重点，分区制定改良措施，严格统一组织实施。

2. 建立依法保障体系　制定并颁布《方山县耕地质量管理办法》，设立专门监测管理机构，县、乡、村三级设定专人监督指导，分区布点，建立监控档案，依法检查污染区域项目治理工作，确保工作高效到位。

3. 加大资金投入　县政府要加大资金支持，县财政每年从农发资金中列支专项资金，用于全县中低产田改造和耕地污染区域综合治理，建立财政支持下的耕地质量信息网络，推进工作有效开展。

（三）强化耕地质量技术实施

1. 提高土壤肥力　组织县、乡农业技术人员实地指导，组织农户合理轮作，配方施肥，安全施药、施肥，推广秸秆还田、种植绿肥、施用生物菌肥，多种途径提高土壤肥力，降低土壤污染，提高土壤质量。

2. 改良中低产田　实行分区改良，重点突破。灌溉改良区重点增加二级阶地深井数量，扩大灌溉面积；丘陵、山区中低产区要广辟肥源，深耕保墒，轮作倒茬，粮草间作，扩大植被覆盖率，修整梯田，达到增产增效目标。

二、建立和完善耕地质量监测网络

随着方山县工业化进程的不断加快，工业污染日益严重，在重点工业生产区域建立耕地质量监测网络已迫在眉睫。

1. 设立组织机构　耕地质量监测网络建设，涉及环保、土地、水利、经贸、农业等多个部门，需要县政府协调支持，成立依法行政管理机构。

2. 配置监测机构　由县政府牵头，各职能部门参与，组建方山县耕地质量监测领导组，在县农委下设办公室，设定专职领导与工作人员，制定工作细则和工作制度，强化监测手段，提高行政监测效能。

3. 加大宣传力度　采取多种途径和手段，加大《中华人民共和国环境保护法》宣传力度，在重点排污企业及周围乡村印刷宣传广告，大力宣传环境保护政策及科普知识。

4. 建立监测网络 在全县依据此次耕地质量调查评价结果，划定安全、非污染、轻污染、中度污染、重污染五大区域，每个区域确定10～20个点，定人、定时、定点取样监测检验，填写污染情况登记表，建立耕地质量监测档案。对污染区域的污染源，要查清原因，由县耕地质量监测机构依据检测结果，强制企业污染限期限时达标治理。对未能限期达标企业，一律实行关停整改，达标后方可生产。

5. 加强农业执法管理 由方山县农业、环保、质检行政部门组成联合执法队伍，宣传农业法律知识，对市场化肥、农药实行市场统一监控、统一发布，将假冒农用物资一律依法查封销毁。

6. 改进治污技术 对不同污染企业采取烟尘、污水、污渣分类科学处理转化。对工业污染河道及周围农田，采取有效物理、化学降解技术，降解贡、镍及其他金属污染物，并在河道两岸50米栽植花草、林木，净化河水，美化环境；对化肥、农药污染农田，要划区治理，积极利用农业科研成果，组成科技攻关组，引试降解剂，逐步消解污染物。

7. 推广农业综合治理技术 在增施有机肥降解大田农药、化肥及垃圾废弃物污染的同时，积极宣传推广微生物菌肥，以改善土壤的理化性状，改变土壤溶液酸碱度，改善土壤团粒结构，减轻土壤板结，提高土壤保水、保肥性能。

三、农业税费政策与耕地质量管理

目前，农业税费的改革政策必将极大调动农民生产积极性，成为耕地质量恢复与提高的内在动力，对全县耕地质量的提高具有以下几个作用：

1. 加大耕地投入，提高土壤肥力 方山县中低产田分布区域广，粮食生产能力较低。税费改革政策的落实有利于提高单位面积耕地养分投入水平，逐步改善土壤养分含量，改善土壤理化性状，提高土壤肥力，保障粮食产量恢复性增长。

2. 改进农业耕作技术，提高土壤生产性能 农民积极性的调动，成为耕地质量提高的内在动力，将促进农民平田整地，耙耱保墒，加强耕地机械化管理，缩减中低产田面积，提高耕地地力等级水平。

3. 采用先进农业技术，增加农业比较效益 采取有机旱作农业技术，合理优化适栽技术，加强田间管理，节本增效，提高农业比较效益。

农民以田为本，以田谋生，农业税费政策出台以后，土地属性发生变化，农民由有偿支配变为无偿使用，成为农民家庭财富一部分，对农民增收和国家经济发展将起到积极的推动作用。

四、扩大无公害、绿色、有机农产品生产规模

在国际农产品质量标准市场一体化的形势下，扩大方山县无公害、绿色、有机农产品生产成为满足社会消费需求和农民增收的关键。

（一）理论依据

综合评价结果，耕地无污染，果园无污染，适宜生产无公害、绿色、有机农产品，适宜发展绿色农业。

（二）扩大生产规模

在全县发展绿色、有机、无公害农产品，扩大生产规模，要以耕地地力调查与质量评价结果为依据，充分发挥区域比较优势，合理布局，规模调整，实施“无公害、绿色、有机农产品生产基地建设”工程。到2015年无公害、绿色、有机马铃薯蔬菜生产基地发展到5万亩；无公害、绿色、有机玉米生产基地发展到3万亩；到2015年无公害、绿色、有机农产品认证10个，产地认证4个。

（三）配套管理措施

1. 建立组织保障体系　成立方山县无公害农产品生产领导组，下设办公室，地点在县农委。组织实施项目列入县政府工作计划，单列工作经费，由县财政负责执行。

2. 加强质量检测体系建设　成立县级无公害、绿色、有机农产品质量检验技术领导组，下设县、乡两级监测检验网点，配备设备及人员，制定工作流程，强化监测检验手段，提高监测检验质量，及时指导生产基地技术推广工作。

3. 制定技术规程　组织技术人员制定方山县无公害农产品生产技术操作规程，重点抓好配方施肥，合理施用农药，细化技术环节，实现标准化生产。

4. 打造品牌　重点打造好无公害、绿色、有机玉米、马铃薯、蔬菜等品牌农产品的生产经营。

五、加强农业综合技术培训

自20世纪80年代起，方山县就建立起县、乡、村三级农业技术推广网络。由县农业技术推广中心牵头，搞好技术项目的组织与实施，负责划区技术指导。行政村配备1名科技副村长，在全县设立农业科技示范户。先后开展了玉米、马铃薯、谷子、大豆、蔬菜等作物优质高产高效生产技术培训，推广了旱作农业、生物覆盖、地膜覆盖、双千创优工程及设施蔬菜综合配套技术。

现阶段，方山县农业综合技术培训工作一直保持领先，有机旱作、测土配方施肥、生态沼气、无公害蔬菜生产技术推广已取得明显成效。要充分利用这次耕地地力调查与质量评价，主抓以下几方面技术培训：①宣传加强农业结构调整与耕地资源有效利用的目的及意义；②全县中低产田改造和土壤改良相关技术推广；③耕地地力环境质量建设与配套技术推广；④有机、绿色、无公害农产品生产技术操作规程；⑤农药、化肥安全施用技术培训；⑥农业环境保护相关法律、法规的宣传培训。

通过技术培训，使方山县农民掌握必要的知识与生产实用技术，推动耕地地力建设，提高农业生态环境、耕地质量环境的保护意识，发挥主观能动性，不断提高全县耕地地力水平，以满足日益增长的人口和物资生活需求，为全面建设小康社会打好农业发展基础平台。

第五节　耕地资源管理信息系统的应用

耕地资源信息系统以一个县行政区域内耕地资源为管理对象，应用 GIS 技术，对辖区内的地形、地貌、土壤、土地利用、农田水利、土壤污染、农业生产基本情况、基本农田保护区等资料进行统一管理，构建耕地资源基础信息系统，并将其数据平台与各类管理模型结合，对辖区内的耕地资源进行系统的动态管理，为农业决策、农民和农业技术人员提供耕地质量动态变化规律、土壤适宜性、施肥咨询、作物营养诊断等多方位的信息服务。

本系统行政单元为村，农业单元为基本农田保护块，土壤单元为土种，系统基本管理单元为土壤、基本农田保护块、土地利用现状叠加所形成的评价单元。

一、领导决策依据

这次耕地地力调查与质量评价直接涉及耕地自然要素、环境要素、社会要素及经济要素四个方面，为耕地资源信息系统的建立与应用提供了依据。通过全县生产潜力评价、适宜性评价、土壤养分评价、科学施肥、经济性评价，地力评价及产量预测，及时指导农业生产与发展，为农业技术推广应用做好信息发布，为用户需求分析及信息反馈打好基础。主要依据：一是全县耕地地力水平和生产潜力评估为农业远期规划和全面建设小康社会提供了保障；二是耕地土壤适宜性及主要限制因素分析为全县农业调整提供了依据。

二、动态资料更新

这次方山县耕地地力调查与质量评价中，耕地土壤生产性能主要包括地形部位、土体构型、较稳定的理化性状、易变化的化学性状、农田基础建设五个方面。耕地地力评价标准体系与 1982 年土壤普查技术标准出现部分变化，耕地要素中基础数据有大量变化，为动态资料更新提供了新要求。

（一）耕地地力动态资源内容更新

1. 评价技术体系有较大变化　这次调查与评价主要运用了“3S”评价技术。在技术方法上，采用了文字评述法、专家经验法、模糊综合评价法、层次分析法、指数法；在技术流程上，应用了叠置法确定评价单元，空间数据与属性数据相连接；采用德尔菲法和模糊综合评价法，确定评价指标；应用层次分析法确定各评价因子的组合权重，用数据标准化计算各评价因子的隶属函数，并将数值进行标准化；应用累加法计算每个评价单元的耕地力综合评价指数，分析综合地力指数，分布划分地力等级，将评价的地方等级归入农业部地力等级体系。采取 GIS、GPS 系统编绘各种养分图和地力等级图等图件。

2. 评价内容有较大变化　除原有地形部位、土体构型等基础耕地地力要素相对稳定以外，土壤物理性状、易变化的化学性状、农田基础建设等要素变化较大，尤其是土壤容重、有机质、pH、有效磷、速效钾指数变化明显。

3. 增加了耕地质量综合评价体系　土样化验检测结果为全县绿色、无公害、有机农产品基地建立和发展提供了理论依据。图件资料的更新变化，为今后全县农业宏观调控提供了技术准备，空间数据库的建立为全县农业综合发展提供了数据支持，加速了全县农业信息化快速发展。

（二）动态资料更新措施

结合这次耕地地力调查与质量评价，方山县及时成立技术指导组，确定专门技术人员，从土样采集、化验分析、数据资料整理编辑，电脑网络连接畅通，保证了动态资料更新及时、准确，提高了工作效率和质量。

三、耕地资源合理配置

（一）目的意义

多年来，方山县耕地资源盲目利用，低效开发，重复建设情况十分严重。随着农业经济发展方向的不断延伸，农业结构调整缺乏借鉴技术和理论依据。这次耕地地力调查与质量评价成果对指导全县耕地资源合理配置，逐步优化耕地利用质量水平，提高土地生产性能和产量水平具有现实意义。

全县耕地资源合理配置思路是：以确保粮食安全为前提，以耕地地力质量评价成果为依据，以统筹协调发展为目标，用养结合，因地制宜，内部挖掘，发挥耕地最大生产效益。

（二）主要措施

1. 加强组织管理，建立健全工作机制　县政府要组建耕地资源合理配置协调管理工作体系，由农业、土地、环保、水利、林业等职能部门分工负责，密切配合，协同作战。技术部门要抓好技术方案制定和技术宣传培训工作。

2. 加强农田环境质量检测，抓好布局规划　将企业列入耕地质量检测范围企业要加大资金投入和技术改造，降低“三废”对周围耕地污染，因地制宜大力发展有机、绿色、无公害农产品优势生产基地。

3. 加强耕地保养利用，提高耕地能力　依照耕地地力等级划分标准，划定全县耕地地力分布界限，推广配方施肥技术，加强农田水利基础设施建设，平田整地，淤地打坝，中低产田改良，植树造林，扩大植被覆盖面，防止水土流失，提高园（梯）田化水平。采用机械耕作，加深耕层，熟化土壤，改善土壤理化性状，提高土壤保水保肥能力。划区制定技术改良方案，将全县耕地地力水平分级划分到村、到户、建立耕地改良档案，定期定人检查验收。

4. 重视粮食生产安全，加强耕地利用和保护管理　根据方山县农业发展远景规划目标，要十分重视耕地利用保护与粮食生产之间的关系。人口不断增长，耕地逐步减少，要解决好建设与吃饭的关系，合理利用耕地资源，实现耕地总面积动态平衡，解决人口增长与耕地矛盾，实现农业经济和社会可持续发展。

总之，耕地资源配置，主要是各土地利用类型在空间上的整体布局；另一层含义是指同一土地利用类型在某一地域中是分散配置还是集中配置。耕地资源空间分布结构折射出其地域特征，而合理的空间分布结构可在一定程度上反映自然生态和社会经济系统间的协调程度。耕地的配置方式，对耕地产出效益的影响截然不同。经过合理配置，农村耕地相对规模集中，既利于农业管理，又利于减少投工投资，耕地的利用率将有较大提高。

具体措施：一是严格执行《基本农田保护条例》，增加土地投入，大力改造中低产田，使农田数量与质量稳步提高；二是园地面积要适当调整，淘汰劣质果园，发展优质果品生产基地；三是林草地面积适量增长，加大“四荒”（荒山、荒坡、荒沟、荒滩）拍卖开发力度，种草植树，力争森林覆盖率达到30%，牧草面积占到耕地面积的2%以上。四是搞好河道、滩涂地有效开发，增加可利用耕地面积。五是加大小流域综合治理力度，在搞好耕地整治规划的同时，治山治坡、改土造田、基本农田建设与农业综合开发结合进行。六是要采取措施，严控企业占地，严控农村宅基地占用一、二级耕地，加大废旧砖窑和农村废弃宅基地的返田改造，盘活耕地存量，“开源”与“节流”并举。七是加快耕地使用制度改革，实行耕地使用证发放制度，促进耕地资源的有效利用。

四、科学施肥体系的建立

（一）科学施肥体系建立

方山县配方施肥工作起步较早，最早始于20世纪70年代未定性的氮磷配合施肥，20世纪80年代初为半定量的初级配方施肥。20世纪90年代以来，有步骤定期开展土壤肥力测定，逐步建立了适合全县不同作物、不同土壤类型的施肥模式。在施肥技术上，提倡“增施有机肥，稳施氮肥，增施磷肥，补施钾肥，配施微肥和生物菌肥”。

随着农业生产的发展及施肥、耕作经营管理水平的变化，耕地土壤有机质及大量元素也随之变化。与1982年全国第二次土壤普查时的耕层养分测定结果相比，土壤有机质平均含量10.65克/千克，属四级水平，比第二次土壤普查27.1克/千克减小了16.45克/千克；全氮平均含量0.65克/千克，属四级水平，比第二次土壤普查11.42克/千克减小了0.77克/千克；有效磷平均含量10.13毫克/千克，属四级水平，比第二次土壤普查5.38毫克/千克减少了4.75毫克/千克；速效钾平均含量128.02毫克/千克，属四级水平，比第二次土壤普查117.5毫克/千克增加了10.52毫克/千克。

1. 调整施肥思路 以节本增效为目标，立足抗旱栽培，着力提高肥料利用率，采取“巧氮、增磷、补钾、配微”原则，坚持有机肥与无机肥相结合，合理调整养分比例，按耕地地力与作物类型分期施肥，科学施用。

2. 施肥方法

（1）因土施肥：不同土壤类型，保肥、供肥性能不同。对土体构型为通体型的土壤，一般将肥料作基肥和追肥两次施用效果最好；对沙土、夹沙土等构型土壤，肥料特别是氮肥应少量多次施用。

（2）因品种施肥：肥料品种不同，施肥方法也不同。对碳酸氢铵等易挥发性化肥，必须集中深施覆土，为10～20厘米；尿素为高浓度中性肥料，作底肥和叶面喷施效果最好，在旱地做基肥集中条施；磷肥易被土壤固定，要与农家肥混合堆沤后施用，常作基肥和种肥，要集中沟施，且忌撒施土壤表面。

(3) 因苗施肥：对基肥充足，生长旺盛的田块，要少量控制氮肥，少追或推迟追肥时期；对基肥不足，生长缓慢田块，要施足基肥，多追或早追氮肥；对后期生长旺盛的田块，要控氮补磷施钾。

3. 选定施用时期　因作物选定施肥时期。玉米追肥宜选在拔节期和大喇叭口期，同时可采用叶面喷施锌肥；马铃薯追肥宜选在开花前；谷黍追肥宜选在拔节期；叶面喷肥宜选在孕穗期和扬花期，喷肥时间选择要看天气，要选无风、晴朗的天气喷肥，早上 9：00 点以前或下午 16：00 以后喷施。

4. 选择适宜的肥料品种和合理的施用量　在品种选择上，增施有机肥、高温堆沤积肥、生物菌肥；严格控制硝态氮肥施用，忌在忌氯作物上施用氯化钾，提倡施用硫酸钾肥，补施铁肥、锌肥、硼肥等微量元素化肥。在化肥用量上，要坚持无害化施用原则，一般菜田，亩施腐熟农家肥 3 000～5 000 千克、尿素 25～30 千克、磷肥 40 千克、钾肥10～15 千克。日光温室以番茄为例，一般亩产 6 000 千克，亩施有机肥 4 500 千克、氮肥（N）25 千克、磷（P_2O_5）23 千克，钾肥（K_2O）16 千克，配施适量硼、锌、铁、锰、钼等微量元素肥。

（二）体制建设

在方山县建立科学施肥与灌溉制度，农业技术部门要严格细化相关施肥技术方案，积极宣传和指导；水利部门要抓好淤地打坝等农田基本建设；林业部门要加大荒山、荒坡植树造林、绿化环境，改善气候条件，提高年际降雨量；农业环保部门要加强基本农田及水污染的综合治理，改善耕地环境质量和灌溉水质量。

五、信息发布与咨询

耕地地力、质量信息发布与咨询，直接关系到耕地地力水平的提高，关系到农业结构调整与农民增收目标的实现。

（一）体系建立

以方山县农业技术部门为依托，在省、市农业技术部门的支持下，建立耕地地力与质量信息发布咨询服务体系，建立相关数据资料展览室，将全县土壤、土地利用、农田水利、土壤污染、基本农田保护区等相关信息融入计算机网络之中，充分利用县、乡两级农业信息服务网络，对辖区内的耕地资源进行系统的动态管理，对农业生产和结构调整做好耕地质量动态变化、土壤适宜性、施肥咨询、作物营养诊断等多方位的信息服务。在乡村建立专门试验示范生产区，专业技术人员要做好协助指导管理，为农户提供技术、市场、物资供求信息，定期记录监测数据，实现规范化管理。

（二）信息发布与咨询服务

1. 农业信息发布与咨询　重点抓好粮食、蔬菜、油料等适载品种供求动态、适栽管理技术、无公害农产品化肥和农药科学施肥技术、农田环境质量技术标准的入户宣传、编制通俗易懂的文字、图片发放到每家农户。

2. 开辟空中课堂抓宣传　充分利用覆盖方山县的电视传媒信号，定期做好专题资料宣传，并设立信息咨询服务电话热线，及时解答和解决农民提出的各种疑难问题。

3. 组建农业耕地环境质量服务组织 在方山县乡村选拔科技骨干及科技副乡长，统一组织耕地地力与质量建设技术培训，组成农业耕地地力与质量管理服务队，建立奖罚机制，鼓励他们谏言献策，提供耕地地力与质量方面信息和技术思路，服务于全县农业发展。

4. 建立完善执法管理机构 成立由方山县土地、环保、农业等行政部门组成的综合行政执法决策机构，加强对全县农业环境的执法保护。开展农资市场打假，依法保护利用土地，监控企业污染，净化农业发展环境。同时配合宣传相关法律、法规，让群众家喻户晓，自觉接受社会监督。

图书在版编目（CIP）数据

方山县耕地地力评价与利用 / 王五虎主编．—北京：中国农业出版社，2016.3
ISBN 978-7-109-21450-7

Ⅰ.①方…　Ⅱ.①王…　Ⅲ.①耕作土壤－土壤肥力－土壤调查－方山县②耕作土壤－土壤评价－方山县　Ⅳ.①S159.225.4②S158

中国版本图书馆 CIP 数据核字（2016）第 025700 号

中国农业出版社出版
（北京市朝阳区麦子店街 18 号楼）
（邮政编码 100125）
责任编辑　杨桂华

中国农业出版社印刷厂印刷　　新华书店北京发行所发行
2016 年 4 月第 1 版　　2016 年 4 月北京第 1 次印刷

开本：787mm×1092mm 1/16　　印张：11　　插页：1
字数：270 千字
定价：80.00 元

方山县耕地地力等级图

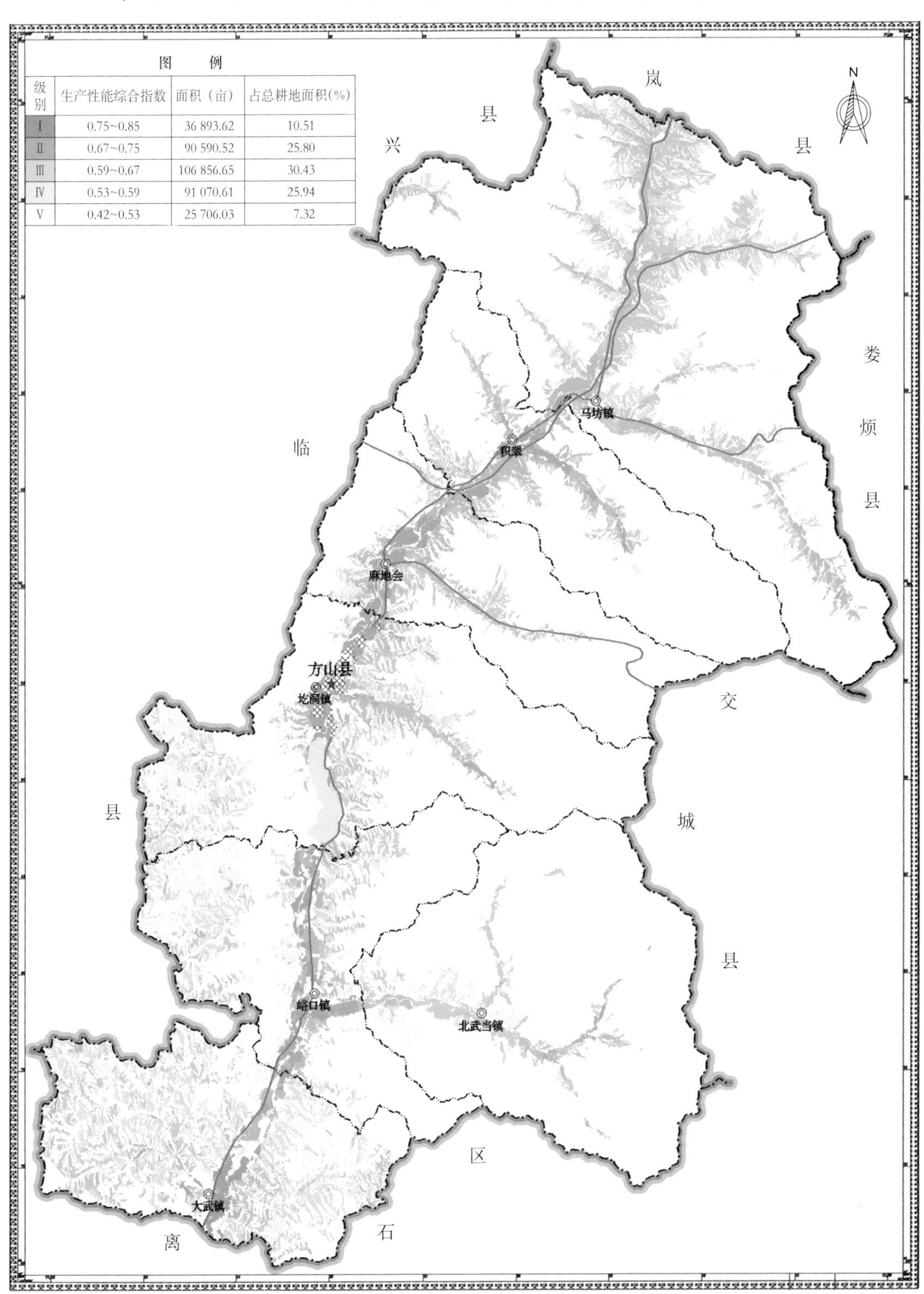

级别	生产性能综合指数	面积（亩）	占总耕地面积(%)
Ⅰ	0.75~0.85	36 893.62	10.51
Ⅱ	0.67~0.75	90 590.52	25.80
Ⅲ	0.59~0.67	106 856.65	30.43
Ⅳ	0.53~0.59	91 070.61	25.94
Ⅴ	0.42~0.53	25 706.03	7.32

山西省土壤肥料工作站监制
山西农业大学资源环境学院承制　二〇一二年十二月

1980 年西安坐标系
1956 年黄海高程系
高斯—克吕格投影

比例尺　1 ： 250 000

方山县中低产田分布图

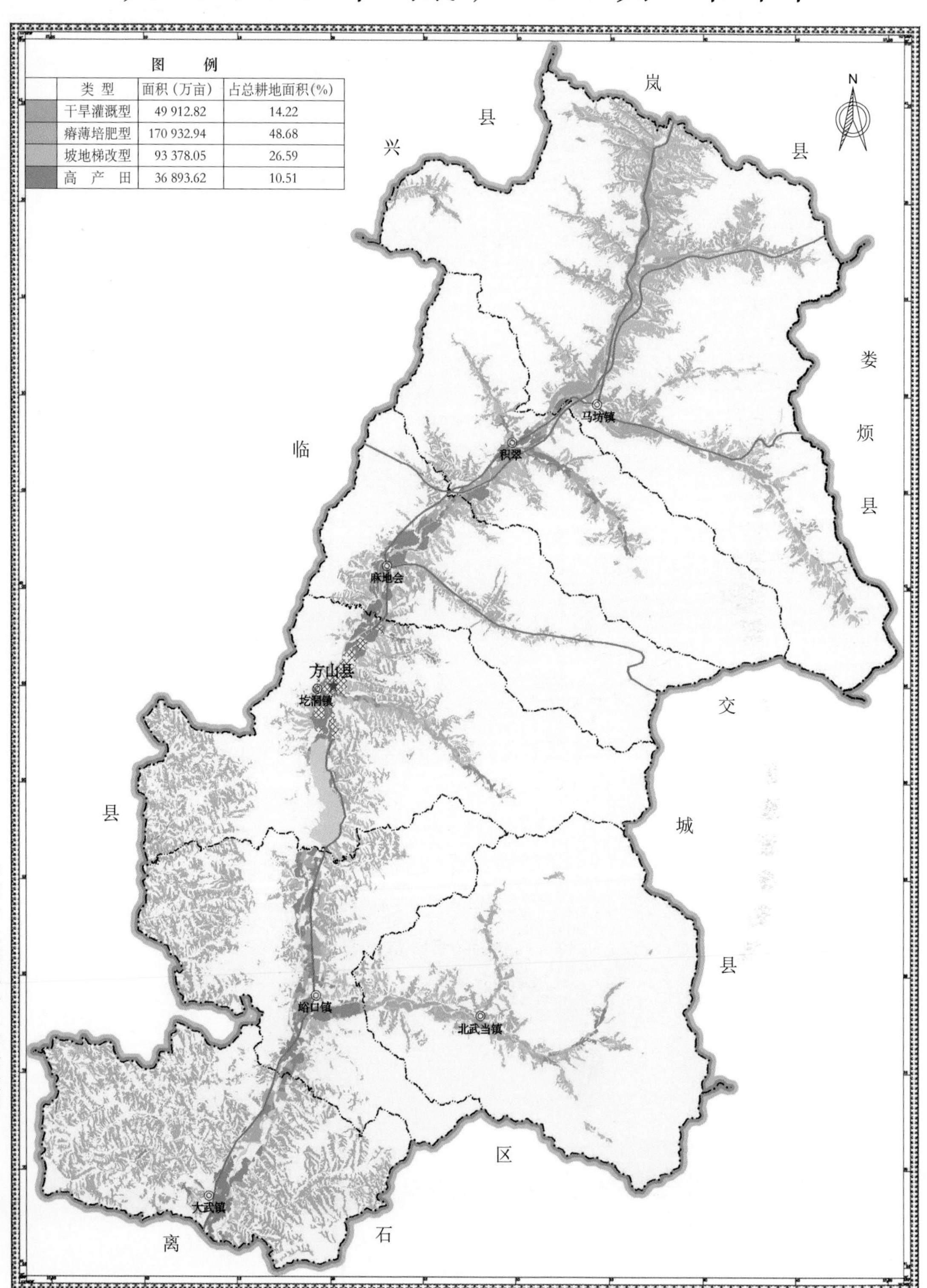

类型	面积（万亩）	占总耕地面积(%)
干旱灌溉型	49 912.82	14.22
瘠薄培肥型	170 932.94	48.68
坡地梯改型	93 378.05	26.59
高　产　田	36 893.62	10.51

山西省土壤肥料工作站监制
山西农业大学资源环境学院承制
二〇一二年十二月

1980 年西安坐标系
1956 年黄海高程系
高斯—克吕格投影

比例尺 1 ： 250 000